Grüner Wasserstoff

Ein Überblick und mehr

Bibliografische Information Der Deutschen Bibliothek
Die Deutsche Bibliothek verzeichnet diese
Publikation in der Deutschen
Nationalbibliografie; detaillierte bibliografische
Daten sind im Internet über
`htpp://dnb.ddb.de` abrufbar.

Neuauflage
© 2021 Ewald Eckert, Eppingen

Satz: LATEX (Latin Modern)
Herstellung und Verlag: BoD –Books on Demand, Norderstedt

Printed in Germany

ISBN 9-783-755-777-748

*Für alle, die sich für den Bereich der Energiewende
interessieren oder gar dort einbringen möchten*

Vorwort

Die 23. Bundesregierung hat die Nationale Wasserstoffstrategie beschlossen. Sie soll Grünen Wasserstoff marktfähig machen und seine industrielle Produktion, Transportfähigkeit und Nutzbarkeit ermöglichen. Dazu hat sie 15 Fragen formuliert und auch die Antworten dazu gegeben. Wenn Sie sich also der Thematik »Grüner Wasserstoff« nähern wollen, sind Sie hier genau richtig aufgehoben.

Am 19. Juni 2020 hat Frau Bundesforschungsministerin Anja Karliczek Herrn Dr. Stefan Kaufmann MdB als Innovationsbeauftragter »Grüner Wasserstoff« ernannt. Technologien rund um den Grünen Wasserstoff sind von höchster Bedeutung für die Zukunftsfähigkeit des Industriestandortes Deutschland. Deshalb sollen Klima-, Energie-, Industrie- und Innovationspolitik verzahnt werden, um langfristig die Weltmarktführerschaft bei Wasserstofftechnologien zu erlangen und zu sichern. Ziel ist es, Deutschland international zu einem Vorreiter bei grünem Wasserstoff zu machen. Deutsche Forschung und Unternehmen gehören zur Weltspitze bei Wasserstofftechnologien und der Aufbau von komplexen Industrieanlagen ist eine Kernkompetenz des Anlagenbaus. Die einmalige Chance, mit unserem Know-How zum Ausstatter einer globalen Energiewende zu werden, gilt es zu nutzten.

Zu erwähnen sind außerdem das Forschungsnetzwerk Wasserstoff sowie der Nationale Wasserstoffrat, dessen Einrichtung mit dem Beschluss der Nationalen Wasserstoffstrategie am 10. Juni 2020 von der Bundesregierung beschlossen wurde. Wenn es um Forschung im Bereich Grüner Umweltschutz geht, auch um den Grünen Wasserstoff, sind die Max-Planck-Gesellschaft zur Förderung der Wissenschaften e. V., München, das Max-Planck-Institut für Eisenforschung GmbH, Düsseldorf, das Fraunhofer-Institut für Energiewirtschaft und Energiesystemtechnik, Kassel (Fraunhofer IEE), das Fraunhofer-Institut für Bauphysik, Stuttgart (Fraunhofer IBP), das Fraunhofer-Institut für Solare Energiesysteme, Freiburg (Fraunhofer ISE), das Bayerische Zentrum für Angewandte Energieforschung e. V., Würzburg (ZAE Bayern) und der ForschungsVerbund Erneuerbare Energien, Berlin (FVEE) zu nennen.

Gender-Hinweis

In dieser Arbeit wurde zur besseren Lesbarkeit und Optik sowie aus Platzgründen lediglich die männliche Form eines Begriffs (Bewohner, Mieter, ...) verwendet. Selbstverständlich bezieht sich der jeweilige Begriff auf weibliche und männliche Personen.

Ihr
Ewald Eckert

Inhaltsverzeichnis

Abbildungsverzeichnis

Abkürzungsverzeichnis

A

ACL . . . . anode catalyst layer (deutsch: anodische Katalysatorschicht)

AEL . . . . Alkalische Elektrolyse (engl.: alkaline electrolysis)

B

BEP . . . . Break even Point

BEV . . . . battery electric vehicle (deutsch: Elektroauto im engeren Sinne, ausschließlich mittels Batterie betrieben)

Bio-2-H_2 . . . . . . Bioenergy-to-H_2

BMUB . . . . Bundesministerium für Umwelt, Naturschutz Bau und Reaktorschutz

BMVBS . . . . . . Bundesministerium für Verkehr, Bau und Stadtentwicklung

BMVI . . . . . . Bundesministerium für Verkehr und digitale Infrastruktur

BMWI . . . . Bundesministerium für Wirtschaft und Energie

BoP . . . . Anlagenperipherie (engl.: balance of plant)

BPP . . . . Bipolarplatte

BS . . . . Betriebsstunden

BZ . . . . Brennstoffzelle

C

C_2 . . . . Kohlenstoffdioxid, auch Kohlendioxid

CAEL . . . . Chlor-Alkali-Elektrolyse (engl.: chlor-alkali electrolysis)

CAPEX . . . . . . Spezifische Investitionskosten (engl.: capital expenditures)

CCL . . . . cathode catalyst layer (deutsch: kathodische Katalysatorschicht)

CCM . . . . Katalysator beschichtete Membran (engl.: catalyst coated membrane)

CCS . . . . CO_2-Sequestrierung (engl.: carbon capture and storage)

CEP . . . . Clean Energy Partnership (deutsch: Partnerschaft für saubere Energie)

CertifHy . . . . . . Green and Low Carbon Hydrogen Guarantees of Origin (deutsch: Herkunftsnachweise für grünen und CO_2-arm hergestellten Wasserstoff)

CNG . . . . Komprimiertes Erdgas (engl.: compressed natural gas)

CO_2-Äq. . . . . . . CO_2-Äquivalent

COP . . . . UN-Klimakonferenz (engl.: conference of parties)

CRS . . . . Congressional Research Service

D

Dena . . . . Deutsche Energie-Agentur

DSM . . . . Demand-Slide-Management (deutsch: flexible Verbraucher)

DTL . . . . Distributed Ledger (deutsch: verteilte Datenbank)

DWV . . . . Deutscher Wasserstoff- und Brennstoffzellen-Verband e. V.

E

EE . . . . Erneuerbare Energien

EEA . . . . Elektrolyt-Elektroden-Einheit (engl.: electrolyte electrode assembly)

EEG . . . . Erneuerbare-Energien-Gesetz

EEMC . . . . European Elections Montoring Center (deutsch: Europäische Wahlbeobachtungsstelle)

EI . . . . Elektrisch

EnEV . . . . Energieeinsparverordnung

EoL-RIR . . . . . . (eine) relative Recyclingrate (engl.: end of life recycling input rate)

EU ETS . . . . . . Emissionshandelssystem der Europäischen Union (engl: EU emissions trading system)

EUGAL . . . . Europäische Gas-Anbindungsleitung

EV . . . . electrical vehicle (deutsch: Elektrofahrzeug)

F

FCEV . . . . fuel cell electrical vehicle (deutsch: Elektrofahrzeug mit Brennstoffzelle)

FCH JU . . . . . . Fuel Cells and Hydrogen Joint Undertaking

FQD . . . . Kraftstoffqualitätsverordnung (engl: fuel quality directive)

FuE . . . . Forschung und Entwicklung

G

GDL . . . . Gasdiffusionsschicht (engl.: gas diffusion layer)

GO . . . . Guarantee of origin (auch GoO)

GT . . . . Gasturbine

GuD . . . . Gas und Dampfkraftwerk

GW . . . . Gigawatt (ein Gigawatt entspricht einer Million Kilowatt)

H

H2ME . . . . Hydrogen Mobility Europe

H_2 Mobility . . . . H_2 Mobility Deutschland GmbH

HHV . . . . Brennwert (engl.: higher heating value)

HT . . . . Hochtemperatur

HTEL . . . . Hochtemperatur-Elektrolyse

Hz . . . . Hertz

I

IEK2050 . . . . . . Studie »Rechtliche Rahmenbedingungen für ein integriertes Energiekonzept 2050 und die Einbindung von EE-Kraftstoffen« (Arbeitstitel)

IKT . . . . Informations- und Kommunikationstechnik

Inst . . . . Installiert

IPCC	Intergovernmental Panel on Climate Change (deutsch: zwischenstaatlicher Ausschuss für Klimaänderungen, im Deutschen oft als Weltklimarat bezeichnet)
IUTA	Institut für Energie- und Umwelttechnik

K

KfW	Kreditanstalt für Wiederaufbau
KI	Künstliche Intelligenz
KPI	Leistungsparameter (engl.: key performence indicator)
kW	Kilowatt
kWh	Kilowattstunde
KWK	Kraft-Wärme-Kopplung

L

LED	light emitting diode
LHV	Heizwert (engl.: lower heating value)
LNG	Liquefied Natural Gas (deutsch: verflüssigtes Erdgas)
LoC	Library of Congress
LSCF	Lanthan-Strontium-Kobalt-Eisen-Verbindung
LSM	Lanthan-Strontium-Mangan-Verbindung
LTI	Arbeitsunfall mit Ausfallzeit

M

m²	Quadratmeter
MEA	membrane electrode assembly (deutsch: Membran-Elektroden-Einheit)
mHEV	mild hybrid electric vehicle (deutsch: Kfz mit Verbrennungsmotor und elektrischer Unterstützung zum Ausgleich von Ineffizienzen)
MKS	Mobilitäts- und Kraftstoffstrategie der Bundesregierung
MW	Megawatt (ein Megawatt entspricht 1000 Kilowatt)

MWh	Megawattstunde (eine Megawattstunde entspricht 1000 Kilowattstunden)

N

NECP	National energy and climate plan (deutsch: Nationaler Energie- und Klimaplan)
NH_4PA	Ammoniumpolyacrylat
NIP	Nationales Innovationsprogramm Wasserstoff- und Brennstoffzellentechnologie
NOW	Nationale Organisation Wasserstoff- und Brennstoffzellentechnologie
NREL	National Renewable Energy Laboratory (USA)
NT	Niedertemperatur

O

OECD	Organisation for Economic Co-operation and Development (deutsch: Organisation für wirtschaftliche Zusammenarbeit und Entwicklung)

P

PEFC	Polymer Electrolyte Fuel Cell (deutsch: Polymerelektrolytbrennstoffzelle)
PEM	Protonen-Austauschmembran (engl.: proton exchange membrane)
PEMBZ	Polymer-Elektrolyt-Membran-Brennstoffzelle
PEMEL	PEM-Elektrolyse oder Membran-Elektrolyse
PEMFC	Proton Exchange Membrane Fuel Cell (deutsch: Protonenaustauschmembran-Brennstoffzelle)
PFSI	Perfluorsulfoniertes Ionomer
PHEV	plug-in hybrid vehicle (deutsch: Kraftfahrzeug mit Hybridantrieb, dessen Akkumulator (Akku) sowohl über den Verbrennungsmotor als auch mittels Wallbox und Ladekabel am häuslichen Stromnetz geladen werden kann)

PPA	Power Purchasing Agreement (deutsch: Stromkaufvereinbarung)
PTFE	Polytetrafluorethylen
PtG	Power to Gas
PtH	Power to Hydrogen
PTL	Poröse Strömungsschicht (engl.: porous transport layer)
PtX	Power to X
PV	Photovoltaik
PVA	Polyvinylacetat
PVD	Physikalische Gasphasenabscheidung (engl.: physical vapor deposition)

R

RED	EU Erneuerbare Energien-Richtlinie (engl.: renewable energy direction)
REE	Rare Earth Elements (deutsch: Gruppe der Metalle der Seltenen Erden)
REEV	Range-Extended Electric Vehicle (deutsch: Elektroauto mit Reichweitenverlängerer)
REMod-D	Regenerative Energien Modell – Deutschland (Simulationsmodell)
RFNBO	Erneuerbare Kraftstoffe nicht-biogenen Ursprungs (engl: renewable fuel of non-biological origin)

S

SAIDI	System Average Interruption Duration Index (deutsch: Register der durchschnittlichen Systemunterbrechungen)
sHEV	strong hybrid electric vehicle (deutsch: Kfz mit Verbrennungsmotor und elektrischer Unterstützung – kürzere Fahrstrecke bei niedriger Geschwindigkeit rein elektrisch möglich)
SOEC	Solid Oxide Electrolyzer Cell (deutsch: Festoxid-Elektrolyseurzelle)

SOEL	Festoxid-Elektrolyse (engl.: solid oxid electrolysis)
SOFC	Solid Oxide Fuel Cell (deutsch: Festoxid-Brennstoffzelle)
SPFC	Solid Polymer Fuel Cell (deutsch: Feststoffpolymer-Brennstoffzelle)
SR	Versorgungsrisiko (Supply Risk)
STC	standard test conditions
SUV	sports utility vehicle (deutsch: ggf. geländegängiger Pkw mit einer erhöhten Karosserie)

T

th	Thermisch
THG	Treibhausgasemissionen
TWh	Terawattstunde (eine Terawattstunde entspricht einer Milliarde Kilowattstunden)

U

UBA	Umweltbundesamt

V

VLS	Volllaststunden

W

WID	World Inequality Database
WIL	World Inequality Lab
WKA	Windkraftanlage
WP	Wärmepumpen
wt%	Gewichtsprozent (engl.: weight percent)

Y

YSZ	Zirconium(IV)-Oxid (engl.: yttria stabilized zirconial)

1 Einführung

Darum geht's: Grüner Wasserstoff soll zum Beispiel energieintensiven Branchen wie der Stahl- oder Chemieindustrie zur Klimaneutralität verhelfen: Er kann so nicht nur die Wirtschaft revolutionieren, sondern auch die Energiewende voranbringen.

Abb. 1.1: Grüner Wasserstoff ein Baustein zur Klimaneutralität – [1]

Grüner Wasserstoff ist ein Schlüsselelement der Energiewende. Kommt der Strom für die Elektrolyse aus erneuerbaren Energien wie Wind oder Sonne, sogenannten grünen Energien, darf sich der Wasserstoff mit dem Zusatz »grün« schmücken. Wird er auf diesem Weg gewonnen, ist Wasserstoff CO_2 frei und ein Segen fürs Klima. Denn dann entstehen bei seiner Herstellung keine schädlichen Treibhausgase. Das Verfahren wird auch als Power-to-Gas bezeichnet und ist eine der sogenannten Power-to-X-Technologien

(PtX-Technologien). Bei Power-to-X wird Strom genutzt, um Energie in eine für bestimmte Anwendungen nützlichere Form umzuwandeln – zum Beispiel um Gase (Power-to-Gas), Wärme (Power-to-Heat) oder flüssige Energieträger (Power-to-Liquid) herzustellen. PtX-Technologien gelten als wichtige Lösungen, um die Klimaziele einhalten zu können und den Ausstoß von Treibhausgasen zu verringern.

Der Stoff hat das Zeug zu einem Hollywoodstreifen: Wasserstoff ist auf unserer Erde reichlich vorhanden. Farblos fristet er sein Dasein bisher fast ausschließlich in chemischen Verbindungen (Wasser, Säuren oder Kohlenwasserstoffen). Auf der Suche nach vielfältig einsetzbaren Energieträgern als Alternative zu ihren fossilen Vorgängern wird grüner Wasserstoff schließlich als Schlüsselrohstoff entdeckt und mausert sich vom farblosen Gas zum schillernden Star der Energiewende. Seine Starqualitäten gründen neben seiner Rolle als alternativer Treibstoff in der Brennstoffzelle und als Rohstoff für die Industrie, auch auf der Möglichkeit, mit ihm Energie leicht speichern und transportieren zu können. Das kann die Energieversorgung der Zukunft deutlich flexibler machen. Je höher die Energieanforderung, desto mehr zahlen sich die Vorteile von Wasserstoff gegenüber dem Strom aus der Steckdose oder Batterien aus.

Gewonnen wird der umschwärmte Stoff durch die Aufspaltung von Wasser (H_2O) in Sauerstoff (O_2) und Wasserstoff (H_2). Wird dafür elektrischer Strom genutzt, spricht man von Elektrolyse. Allerdings wird viel Energie benötigt, um das Molekül H_2 abzuspalten.

(siehe BUNDESMINISTERIUM FÜR WIRTSCHAFT UND ENERGIE [1])

2 Wasserstoff – Grüner Wasserstoff

Wasserstoff kann als Energieträger eine bedeutende Rolle bei der Energiewende spielen. Das Gas ist im Gegensatz zu Strom gut speicherbar und stößt bei der Verbrennung keinerlei Treibhausgase aus. Es kann damit als klimafreundlicher Ersatz für fossile Brennstoffe in der Industrie oder zum Transport eingesetzt werden. Im Folgenden geben wir einen Überblick, wenn es um die Gewinnung von Wasserstoff geht. Nur sogenannter grüner Wasserstoff ist zu 100 % emissionsfrei und wird durch Wasserelektrolyse unter Nutzung von erneuerbaren Energien hergestellt.

Die Gewinnung von Wasserstoff aus erneuerbaren Energien ist ein wichtiger Schritt für die Erreichung der Klimaziele. Eine Herausforderung ist die Herstellung des grünen Wasserstoffs in großem Maßstab. Es gilt also, Wasserstoff mithilfe erneuerbarer Energie zu erzeugen, um so die Produktion von CO_2-neutralem Wasserstoff voranzutreiben. Grüner Wasserstoff wird damit zu einer klimafreundlichen und günstigen Alternative zu fossilen Brennstoffen für Industriekunden sowie in der Bauwirtschaft und dem Transportsektor.
(siehe STATKRAFT MARKETS GMBH [2])

Um sich der Thematik besser nähern zu können, hat die Bundesregierung 15 Fragen formuliert und gleich die Antworten dazu gegeben. Dies alles stellen wir im Folgenden vor.

2.1 Warum investiert die Bundesregierung in Grünen Wasserstoff?

Grüner Wasserstoff ist zentral für das Erreichen der Pariser Klimaschutz-Ziele: Mit seiner Hilfe ist es möglich, Deutschlands größte Treibhausgas-Verursacher klimafreundlich umzugestalten und gleichzeitig den Technologiestandort Deutschland zu stärken.

- Wichtigster Anwendungsbereich ist die Industrie: Grüner Wasserstoff kann als alternativer Brennstoff Öfen anfeuern oder zusammen mit CO_2 z. B. als Baustein von Polymeren dabei helfen, die fossile Rohstoffbasis der Chemieindustrie zu ersetzen.

- Grüner Wasserstoff lässt sich dank Brennstoffzellen in Strom und Wärme umwandeln. So lassen sich Schwankungen im Stromnetz ausgleichen, Häuser beheizen und mit Elektrizität versorgen, sowie Fahrzeuge antreiben.

- Grüner Wasserstoff kann als Kraftstoff im Verkehr eingesetzt werden – insbesondere dort, wo eine Elektrifizierung nicht sinnvoll oder möglich ist. Zusammen mit CO_2 lässt er sich zudem in andere klimafreundliche Kraftstoffe umwandeln, die Lkws, Schiffe und Flugzeuge antreiben.

So verläuft der Weg des Wasserstoffs: Wind, Sonne, Biomasse und Wasser produzieren erneuerbare Energie. Sie wird genutzt, um Wasser-Elektrolyse zu betreiben. Dabei wird Wasser (H2O) unter Strom gesetzt, wobei es sich in Wasserstoff (H2) und Sauerstoff (O2) teilt. Der hierbei gewonnene Wasserstoff wird dann für die Nutzung transportiert. © Projektträger Jülich im Auftrag des BMBF

Abb. 2.1: Wasserstoff – Erzeugung – Transport – Nutzung – [3]

2.2 Wie unterscheidet sich Grüner Wasserstoff von Blauem, Grauem und Türkisem?

Generell ist Wasserstoff immer ein farbloses Gas. Je nach seinem Ursprung trägt er allerdings verschiedene Farben in seinem Namen.

- Grauer Wasserstoff wird aus fossilen Brennstoffen gewonnen. In der Regel wird bei der Herstellung Erdgas unter Hitze in Wasserstoff und Kohlendioxid (CO_2) gespalten. Das CO_2 wird anschließend ungenutzt in die Atmosphäre abgegeben und verstärkt so den globalen Treibhauseffekt: Bei der Produktion einer Tonne Wasserstoff entstehen rund 10 Tonnen CO_2.

- Blauer Wasserstoff ist grauer Wasserstoff, dessen CO_2 bei der Entstehung jedoch abgeschieden und gespeichert wird (Englisch: Carbon Capture and Storage, CCS). Das bei der Wasserstoffproduktion erzeugte CO_2 gelangt so nicht in die Atmosphäre und die Wasserstoffproduktion kann als CO_2-neutral betrachtet werden.

- Grüner Wasserstoff wird durch Elektrolyse von Wasser hergestellt, wobei für die Elektrolyse ausschließlich Strom aus erneuerbaren Energien zum Einsatz kommt. Unabhängig von der gewählten Elektrolysetechnologie erfolgt die Produktion von Wasserstoff CO_2-frei, da der eingesetzte Strom zu 100 % aus erneuerbaren Quellen stammt und damit CO_2-frei ist.

- Türkiser Wasserstoff ist Wasserstoff, der über die thermische Spaltung von Methan (Methanpyrolyse) hergestellt wurde. Anstelle von CO_2-frei entsteht dabei fester Kohlenstoff. Voraussetzungen für die CO_2-Neutralität des Verfahrens sind die Wärmeversorgung des Hochtemperaturreaktors aus erneuerbaren Energiequellen, sowie die dauerhafte Bindung des Kohlenstoffs.

2.3 Warum setzt das Bundesforschungsministerium vor allem auf Grünen Wasserstoff?

Nur Grüner Wasserstoff ist wirklich klimafreundlich. Denn nur Grüner Wasserstoff ist ohne fossile Rohstoffe produzierbar. Erdgas, das für Grauen,

Blauen oder Türkisen Wasserstoff eingesetzt wird, muss gefördert werden. Dabei entstehen erhebliche Emissionen, da dabei kleine Mengen an Methan (CH_4) entweichen, das etwa 25-mal klimaschädlicher als CO_2 ist. Zusätzlich fallen bei der Wasserstoffproduktion CO_2-Emissionen an. Bei herkömmlichem (Grauem) Wasserstoff fallen während der Spaltung von Erdgas pro Tonne Wasserstoff rund zehn Tonnen CO_2 als Abfallprodukt an. Bei Blauem Wasserstoff wird dieses CO_2 zwar eingefangen und meist unterirdisch gespeichert – allerdings birgt die Speicherung Risiken, hohe Kosten und wird in Deutschland von der Gesellschaft nicht akzeptiert.

2.4 Welche Rolle spielt Wasserstoff in der Industrie?

Wasserstoff kann Brennöfen der Industrie beheizen – zum Beispiel in der Glas-, Zement- und Stahlindustrie. Zudem ist er für die Nutzung von Abgasen relevant: Im BMBF-geförderten *Projekt Carbon2Chem* beispielsweise braucht es Wasserstoff, um aus Abgasen Dünger-, Kunst- und Kraftstoff-Vorläufer zu produzieren. Zuletzt können mithilfe von Wasserstoff in Power-to-X Verfahren wichtige Rohstoffe für die Chemieindustrie produziert werden. Das geschieht derzeit beispielsweise im BMBF-geförderten *Projekt Rheticus.*

2.5 Welche Rolle spielt Grüner Wasserstoff im Verkehr?

Relevant ist Wasserstoff vor allem in den Bereichen, in denen Elektrifizierung in absehbarer Zeit nicht möglich ist, das heißt: Im Bereich Flug-, Fern-, Schwerlast- und Schiffsverkehr. Durch Wasserstoff als Ausgangsstoff für synthetische Kraftstoffe lassen sich diese Verkehrsbereiche klimafreundlich umgestalten. Auch der Antrieb durch Wasserstoff-Betankung ist eine Option.

2.6 Welche Rolle spielt Wasserstoff bei der Wärmeversorgung?

Wasserstoff kann in gewissen Mengen bereits heute in das bestehende Gasnetz beigefügt werden. Der Grenzwert liegt derzeit bei bis zu zehn Prozent.

Potenziell sind allerdings auch höhere Anteile denkbar. Der zusätzliche Wasserstoff kann dann wie Erdgas verbrannt werden und führt nur zu Wasserdampf. Zudem lässt sich mithilfe von Brennstoffzellen Wärme und Strom aus Wasserstoff gewinnen. Wie Wasserstoff in das Energienetz der Zukunft eingebunden werden kann, untersucht derzeit unter anderem das *Kopernikus-Projekt ENSURE*.

2.7 Wie viel Energie steckt in einer Tonne Wasserstoff?

Chemisch enthält eine Tonne Wasserstoff eine Energiemenge von 33 330 Kilowattstunden. Das entspricht dem durchschnittlichen jährlichen Strom-Energieverbrauch von elf Drei-Personen-Haushalten in einem Mehrfamilienhaus (ohne Durchlauferhitzer). Allerdings kann die chemische Energie nicht zu 100 % in nutzbare Energie umgewandelt werden. Auf dem Weg zum Verbraucher geht je nach Nutzungspfad ein Teil der Energie verloren – siehe auch Abbildung 2.2 auf der nächsten Seite.

2.8 Wie effizient ist die Herstellung von Grünem Wasserstoff?

Bei der Wasser-Elektrolyse zur Produktion von Wasserstoff mit erneuerbarem Strom liegt die Effizienz bei derzeit rund 60 %. Das heißt: Rund 60 % der Energie, die für die Elektrolyse aufgewendet wird, wird auch in Wasserstoff gebunden. Weil im Bereich der Wasserstoffherstellung derzeit allerdings massiv geforscht wird, ist davon auszugehen, dass sich ihre Effizienz in den kommenden Jahren durch Forschung und Entwicklung noch deutlich steigern lässt. Zudem gilt: Wird die anfallende Wärme der Elektrolyse weiterverwertet, lassen sich weit höhere Wirkungsgrade erzielen.

2.9 Wie teuer ist die Herstellung von Grünem Wasserstoff?

Die genauen Kosten sind derzeit noch nicht absehbar. Sicher ist allerdings, dass Grüner Wasserstoff umso günstiger wird, je günstiger sich erneuerbarer Strom produzieren lässt und je weiter die Entwicklung der Wasser-Elektrolyse fortschreitet. Hierbei erzielt derzeit beispielsweise das BMBF-

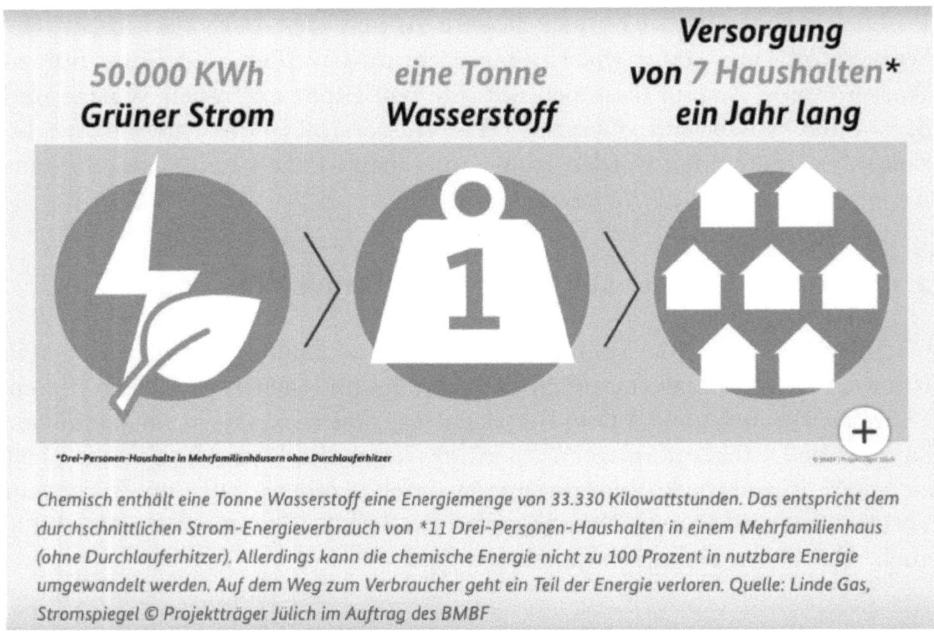

Chemisch enthält eine Tonne Wasserstoff eine Energiemenge von 33.330 Kilowattstunden. Das entspricht dem durchschnittlichen Strom-Energieverbrauch von *11 Drei-Personen-Haushalten in einem Mehrfamilienhaus (ohne Durchlauferhitzer). Allerdings kann die chemische Energie nicht zu 100 Prozent in nutzbare Energie umgewandelt werden. Auf dem Weg zum Verbraucher geht ein Teil der Energie verloren. Quelle: Linde Gas, Stromspiegel © Projektträger Jülich im Auftrag des BMBF

Abb. 2.2: Energiemenge von Wasserstoff – [3]

geförderte *Kopernikus-Projekt P2X* gute Ergebnisse: In P2X konnte der Anteil des seltenen Materials *Iridium,* das bei der Wasser-Elektrolyse benötigt wird, um den Faktor zehn reduziert werden.

2.10 Wo soll der Grüne Wasserstoff herkommen?

Grüner Wasserstoff lässt sich dort am sinnvollsten produzieren, wo genügend erneuerbare Energie zur Verfügung steht, um die Wasser-Elektrolyse zu betreiben. Das Bundesforschungsministerium setzt aus diesem Grund auf strategische Partnerschaften mit Süd- und Westafrika sowie mit Australien. Dort herrschen hervorragende Bedingungen, um Strom aus Wind und Sonne auf ungenutzten Flächen zu produzieren.

Bei der Wasserstoff-Produktion in Deutschland muss abgewogen werden. Warum, das zeigt ein einfaches Rechenbeispiel: Allein aufgrund der klimatischen Unterschiede müsste in Deutschland laut Max-Planck-Institut für Chemische Energie-Konversion dreimal so viel Leistung installiert werden wie in Australien, um dieselbe Menge Energie produzieren zu können. Allerdings kann die Wasserstoff-Produktion in Deutschland helfen, Schwankungen bei der Erzeugung von erneuerbarem Strom auszugleichen. Zudem entfällt im Vergleich zu Australien der Transport auf dem Seeweg.

2.11 Wo soll Grüner Wasserstoff eingesetzt werden?

Zuerst dort, wo es auch auf absehbare Zeit keine einfacheren, klimaneutralen Alternativen gibt, wo Wasserstoff in hohen Mengen benötigt wird und wohin sich der Transport daher verhältnismäßig einfach organisieren lässt. Das heißt konkret: Zuerst in der Industrie. Vor allem die Chemie- und die Stahlindustrie haben einen hohen Bedarf an Grünem Wasserstoff.

2.12 Wie wird Grüner Wasserstoff transportiert?

Wasserstoff wird erst unter hohem Druck flüssig und lässt sich nur so gut transportieren. Das ist kompliziert und teuer. Deswegen forscht das Kopernikus-Projekt P2X-Team daran, den Wasserstoff vorübergehend an Flüssigkeiten, flüssige organische Wasserstoffträger (LOHC) zu binden, um ihn leichter transportieren zu können.

2.13 Warum will Deutschland in die Produktion von Grünem Wasserstoff einsteigen, obwohl es keinen Strom »übrig« hat?

Deutschland nimmt im Bereich der Technologie-Exporte weltweit eine Führungsposition ein. Die Entwicklung für die Energiewende wegweisender Wasserstoff-Technologien kann diese Position dauerhaft stärken und gegebenenfalls sogar ausbauen. So ist die Idee, Wasserstoff-Technologien künftig in großem Stil zu exportieren. Dazu muss Deutschland entsprechende Anlagen zunächst im eigenen Land aufbauen und testen. Zudem gibt es auch in Deutschland Bereiche, in denen eigene Wasserstoff-Elektrolyseure sinnvoll eingesetzt werden können.

Der Verband Deutscher Maschinen- und Anlagenbauer gibt für deutsche Anlagenbauer im Bereich Elektrolyseure einen Weltmarktanteil von mehr als einem Sechstel an. Ziel der Bundesregierung ist es, diesen Anteil durch weitere aus Forschung und Entwicklung resultierende Innovationen zu festigen. So sollen in diesem wachsenden Wirtschaftszweig Arbeitsplätze geschaffen und Exportchancen genutzt werden.

2.14 Wenn Deutschland auf Grünen Wasserstoff aus Afrika setzt – woher soll das Wasser für die Produktion kommen?

Derzeit wird für einen *Potenzialatlas Wasserstoff* in Süd- und Westafrika analysiert, welche Möglichkeiten es vor Ort für die Produktion und den Export von Grünem Wasserstoff gibt. In diesen Regionen kann aufgrund der Nähe zum Meer Meerwasser verwendet werden. Dieses Meerwasser soll mithilfe erneuerbarer Energie zuerst entsalzt und dann für die Wasserstoff-Produktion genutzt werden.

2.15 Welche Projekte zu Grünem Wasserstoff fördert das Bundesforschungsministerium bereits heute?

Den größten Beitrag zur Wasserstoff-Forschung des BMBF leisten die Kopernikus-Projekte. Insbesondere das *Kopernikus-Projekt P2X* erforscht Grünen Wasserstoff von der Erzeugung über den Transport bis hin zur Nutzung. Auch das *Projektkonsortium HYPOS* untersucht die Erzeugung und Nutzung von Wasserstoff. Das *Kopernikus-Projekt ENSURE* hingegen analysiert, wie Wasserstoff in das Energienetz der Zukunft integriert werden kann. Die *Projekte Carbon2Chem* und die *Machbarkeitsstudie MACOR* untersuchen, wie Wasserstoff die Stahlindustrie klimafreundlich gestalten könnte. Die *Projekte DEPECOR*, *BioDME* und *NAMOSYN* widmen sich klimafreundlichen Kraftstoffen, für deren Produktion Wasserstoff benötigt wird. *Rheticus* untersucht die Herstellung von klimafreundlichen Chemie-produkten mithilfe von Wasserstoff.

(siehe BUNDESMINISTERIUM FÜR WIRTSCHAFT UND ENERGIE [3])

3 Grundlagenwissen über Atome und Sonstiges

Um die Gewinnung und die Einsatzmöglichkeiten Grüner Energie verstehen zu können, ist es notwendig, sich Grundlagenwissen aus den einschlägigen Bereichen der Physik (Atomphysik) und der Chemie zu erschließen. Dies soll im Folgenden versucht werden. Deshalb geht es um Begrifflichkeiten wie Atome, Isotope, Ionen, Ordnungszahl (Kernladungszahl), Atommasse, die Bestimmung der Elektronenanzahl bei Ionen, die Atomhülle, um nur einige zu nennen. Dies ist ein weites Feld und im Rahmen einer Einführung, die für Laien konzipiert ist, durchaus ansprechend.

3.1 Wasserstoff

Wasserstoff ist das am häufigsten vorkommende chem. Element im Universum (jedoch nicht der Erdrinde). Er ist Bestandteil der meisten organischen Verbindungen und sämtlicher lebender Organismen. Sein häufigstes Isotop, auch Protium genannt, enthält kein Neutron, sondern besteht aus einem Proton und einem Elektron. Unter Normalbedingungen, wie sie auf der Erde herrschen, kommt dieser atomare Wasserstoff nicht vor, sondern nur der molekulare Wasserstoff (H_2), ein farb- und geruchloses Gas. Weitere Wasserstoff-Isotope sind *Deuterium,* auch schwerer Wasserstoff genannt (1 Proton und 1 Neutron), und *Tritium* (1 Proton und 2 Neutronen). Tritium ist radioaktiv. Aufgrund der großen Bedeutung der Isotope und weil die Massen sich stark unterscheiden, verwendet man für die Isotope Deuterium und Tritium auch eigene Symbole: D und T.

3.2 Atome, die Bausteine der Elemente

Atom kommt vom griechischen Wort átomos, was so viel bedeutet wie unteilbar. Atome sind die »Bausteine« aller festen, flüssigen oder gasförmigen Stoffe. Entgegen der Annahme zum Zeitpunkt der Namensgebung sind Atome teilbar. Sie können mit anderen Atomen chemisch reagieren und sich zu Molekülen oder festen Körpern verbinden. Atome bestehen aus einem Atomkern und einer Atomhülle. Mehr als 99,9 % der Atommasse entfallen auf den Atomkern. Dessen Durchmesser ist jedoch zehn- bis hunderttausendmal kleiner als der Atomdurchmesser.

Der Atomkern besteht aus Protonen und einer etwa gleich schweren Anzahl von Neutronen. Beide Teilchenarten – alleinige Bestandteile des Atomkerns, wobei wie bei H die Neutronenanzahl null sein kann – bezeichnet man als Nukleonen. Sie werden unter die Baryonen mit bestimmten Eigenschaften subsumiert. Die Atomhülle besteht aus Elektronen. Der Anteil der Hülle an der Gesamtmasse des Atoms ist $< 0{,}06$ %. Die Hülle bestimmt die Größe des Atoms. Positiver Kern und negative Hülle sind durch elektrostatische Anziehung aneinander gebunden. In der elektrisch neutralen Grundform des Atoms ist die Anzahl der Elektronen in der Hülle gleich der Anzahl der Protonen im Kern. Die Anzahl der Elektronen in der Hülle legt den genauen Aufbau der Hülle und damit auch das chemische Verhalten des Atoms fest und wird deshalb als chemische Ordnungszahl bezeichnet. Alle Atome desselben Elements haben die gleiche chemische Ordnungszahl. Sind zusätzliche Elektronen vorhanden oder fehlen welche, ist das Atom negativ beziehungsweise positiv geladen und wird als Ion bezeichnet.

3.2.1 Ionen

Ein Ion ist ein elektrisch geladenes Atom oder Molekül. Im gewöhnlichen, neutralen Zustand, auch Elementarzustand genannt, halten sich Elektronen und Protonen die Waage. Elektronen zu einem Atom hinzuzufügen oder sie von ihm zu entfernen verändert seine Identität nicht, ändert aber seine Ladung. Es kommt zu einem Ungleichgewicht der Ladung. Liegt ein Unterschied zwischen der Anzahl der Elektronen und der Protonen vor, so nennt man das Atom auch Ion. In aller Regel wird die Ladung in einer hochgestellten Zahl rechts von der Atomabkürzung ausgedrückt, wie zum Beispiel K^+, Ca^{2+}, N^{3-}. K^+ bedeutet, dass das hier dargestellte Kalium-Ion eine $+1$-Ladung besitzt. Es ist also mehr positiv geladen als das Atom (Normalzustand). Ihm fehlen Elektronen (e^-), in diesem Falle genau ein e$^-$. N^{3-} bedeutet, dass das hier dargestellte Stickstoff-Ion eine -3-Ladung besitzt. Es ist also mehr negativ geladen als das Atom (Normalzustand). Es hat also einen e$^-$-Überschuss, in diesem Falle von genau drei e$^-$. Positive Ionen heißen Kationen (e$^-$ fehlen). Negative Ionen heißen Anionen (e$^-$-Überschuss). Für Ionen gilt: Protonenzahl = Elektronenzahl + Ladung.

3.2.2 Isotope

Als Isotope bezeichnet man Atomarten, deren Atomkerne gleich viele Protonen, aber unterschiedlich viele Neutronen enthalten. Sie haben die gleiche Ordnungszahl (Kernladungszahl), stellen daher das gleiche Element dar, weisen aber verschiedene Massenzahlen auf. Es gibt also Sauerstoffisotope, Eisenisotope, … Beispiel Clor (Cl): Natürliches Clor enthält zwei Arten von Atomen (Isotope), solche mit der Masse 35 u (Cl-35) und solche mit der Masse 37 u (Cl-37).

Mithilfe der Neutronen kann man dieses Phänomen leicht erklären: Cl-35 enthält 17 Protonen (Masse 17 u), 18 Neutronen (Masse 18 u) und 17 Elektronen (Masse vernachlässigbar klein) $\Rightarrow$ Masse 35 u. Cl-37 enthält 17 Protonen (Masse 17 u), 20 Neutronen (Masse 20 u) und 17 Elektronen $\Rightarrow$ Masse 37 u. Das (prinzipielle) chemische Verhalten von Cl-35 und Cl-37 ist identisch. Isotope sind Nuklide mit gleicher Protonenzahl, aber verschiedener Neutronenzahl und ungleicher Massenzahl. Atomarten, die durch ihre Protonen- und Neutronenzahl eindeutig gekennzeichnet sind, bezeichnet man als Nuklide – zu Clor siehe Abbildung 5.6 auf Seite 85.

3.2.3 Bestimmung der Atommasse

Zur Bestimmung der Atommasse wurde die unified atomic mass unit (u) eingeführt, die zum Gebrauch mit dem Internationalen Einheitensystem (SI) zugelassen ist. Demnach ist $1\,\mathrm{u} = 1{,}660\,539\,066\,60(50) \cdot 10^{-27}\,\mathrm{kg}$. Will man die Masse von Atomen jedoch in Gramm ausdrücken, so benötigt man die Avogadro-Konstante N_A ($N_A = 6{,}022\,140\,76 \cdot 10^{23}\,\mathrm{1/mol}$) und die Avogadro-Zahl (diese hat keine Einheit) N (N $= 6{,}022\,140\,76 \cdot 10^{23}$). Die Avogadro-Konstante gibt an, wie viele Teilchen (z. B. Atome eines Elements oder Moleküle einer chemischen Verbindung) in einem Mol enthalten sind, das heißt, wenn man $N = 6{,}022\,140\,76 \cdot 10^{23}$ Atome oder Moleküle hat, dann hat man die Stoffmenge $n_{\text{Atome oder Moleküle}} = 1\,\text{mol}$. Die Atommasse $m = 1\,\text{u}$ in der Einheit $1\,\text{g}$ wird wie folgt berechnet: $1\,\text{u} = 1/N = (1/6{,}022\,140\,76 \cdot 10^{23})\,\text{g} \approx 1{,}66 \cdot 10^{-24}\,\text{g}$.

Die Masse eines Atoms ergibt sich aus der Anzahl der Protonen und Neutronen ($\sum \text{Protonen} + \sum \text{Neutronen} = $ Masse des Atoms [u]). Sie wird gerundet – nur geringe Abweichung vom tatsächlichen Wert – beim jeweiligen Element notiert, wie auch die Kernladungszahl – siehe Abbildung 5.6 auf Seite 85. Bestimmung der Anzahl der Neutronen: gerundete $\text{Masse}_{\text{Bor}} - \text{Anzahl}_{\text{Protonen}} = \text{Anzahl}_{\text{Neutronen}}$; Beispiel für Bor (B): Atommasse $11\,\text{u}$ (11 Teilchen [Protonen und Neutronen] im Kern), Kernladungszahl 5 (Anzahl der Protonen) $\Rightarrow 11 - 5 = 6$. Die vollständige Angabe zu einem Atom erfolgt über das Elementsymbol – ein weiteres Beispiel:

$$^{\text{Massenzahl}}_{\text{Ordnungszahl}}\text{Elementsymbol}$$

Es gelten: Massenzahl = Protonenzahl + Neutronenzahl; Ordnungszahl = Protonenzahl $\Rightarrow {}^{13}_{6}\text{C}$ (Massenzahl = 13; Ordnungszahl = 6 = Protonenzahl = Elektronenzahl; Neutronenzahl = Massenzahl – Protonenzahl = 13 – 6 = 7)

3.2.4 Atomhülle

Die Atomhülle besteht aus negativ geladenen Elektronen (e^-), auch subatomare Teilchen genannt. Elektronen bilden die Hülle eines Atoms. Wie viele e^- sich in der Hülle befinden, hängt von der Anzahl der positiv geladenen Protonen (p^+) im Kern ab. Es befinden sich nämlich genauso viele e^- in der Atomhülle wie p^+ im Atomkern. Dadurch ist das Atom insgesamt ungeladen (Elementarladung). Da die Anzahl der p^+ und e^- gleich ist, gibt die Ordnungszahl (Kernladungszahl eines Atoms) im Periodensystem (PSE) – zum PSE siehe Abbildung 5.6 auf Seite 85 – sowohl die Anzahl der Protonen als auch die Anzahl der Elektronen an. Die Elektronen beeinflussen die Masse eines Atoms kaum. Sie machen lediglich 0,1 % der gesamten atomaren Masse aus.

3.2.4.1 Schalenmodell

Wenn wir verstehen wollen, wie die Atomhülle neutraler (ungeladener) Atome aufgebaut ist, müssen wir uns anschauen, wie sich die e^- in der Atomhülle verteilen. Die e^- bewegen sich nicht beliebig um den Atomkern. Die positiv geladenen p^+ im Atomkern ziehen die e^- wegen deren negativer Ladung an. Hier gilt: Je näher sich ein e^- um den Kern bewegt, desto stärker ist diese Anziehung. Dabei fällt auf, dass einige e^- stärker angezogen werden als andere. Das bedeutet, dass die Elektronen unterschiedlich weit vom Kern entfernt sind. Die Laufbahnen der e^- lassen sich sehr gut mithilfe von Schalen, die sich um den Kern befinden, verdeutlichen. Wie diese Grafik (siehe Abbildung 3.1) zeigt, existieren mehrere Schalen um den Atomkern – rot eingefärbt. Die innerste Schale trägt den Kennbuchstaben K. Jede weitere Schale ist dann mit fortlaufenden Buchstaben des Alphabets (L, M, N, ...) betitelt. In jeder Schale gibt es eine maximale Anzahl an e^-. Für

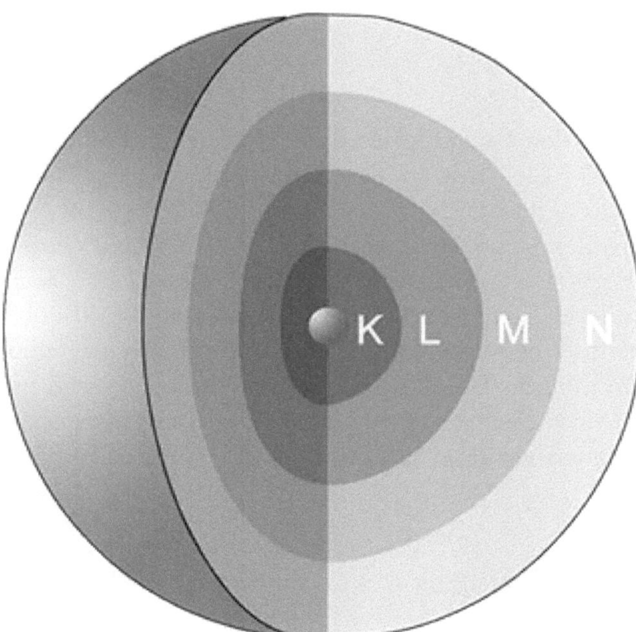

Abb. 3.1: Das Schalenmodell nach Nils Bohr – [4]

die K-Schale sind das zwei e⁻ – Beispiel Heliumatom: Weil es genau zwei e⁻ besitzt, ist demnach die K-Schale vollständig gefüllt. In die L-Schale passen höchstens 8 e⁻ bis sie gefüllt ist und für die M-Schale beträgt die Maximalzahl 18 e⁻. Hierfür kann man sich eine einfache Formel merken, mit deren Hilfe man sich die maximale Anzahl der e⁻ einer Schale leicht erschließen kann.

MERKE

Als Faustformel für die maximale Anzahl der e⁻ in einer Schale kann man sich merken: Wenn z für die maximale Anzahl der e⁻ einer Schale und n für die Schalennummer (K = 1, L = 2, ...) steht, dann gilt $z = 2 \cdot n^2$. Daraus folgt für die Schalen K, L, M, N, ...:

K: $2 \cdot 1^2 = 2\,$e⁻
L: $2 \cdot 2^2 = 8\,$e⁻
M: $2 \cdot 3^2 = 18\,$e⁻
N: $2 \cdot 4^2 = 32\,$e⁻

Befüllen der Schale

Schauen wir uns den Umgang mit dieser Formel einmal praktisch anhand zwei verschiedener Elemente an: Das Neon-Atom (Ne) hat die Ordnungszahl 10. Das bedeutet, dass sich in der Atomhülle insgesamt 10 e⁻ befinden. Doch wie verteilen sich diese auf die Schalen? Die K-Schale kann gemäß der obigen Formel lediglich zwei e⁻ aufnehmen ($2 \cdot 1^2 = 2$). Nachdem diese dann vollständig gefüllt ist, werden die restlichen e⁻ auf die weiteren Schalen verteilt. Wenden wir die Formel auf die zweite Schale (L-Schale) an, dann kann man feststellen, dass in diese acht e⁻ passen und sich somit alle übrigen e⁻ in dieser Schale befinden. Man sieht also, dass im Fall von Neon zwei Schalen vorhanden sind die beide mit der maximalen Anzahl an e⁻ gefüllt sind.

MERKE

Beim Befüllen der Schalen mit e⁻ wird immer von der K-Schale an aufwärts begonnen.

Wenn man sich als weiteres Beispiel das Sauerstoffatom (O, Ordnungszahl 8) anschaut, stellt man fest, dass sich hier acht e⁻ auf die Schalen verteilen. Da sich in der K-Schale, wie bereits bekannt, zwei e⁻ befinden, bleiben für die zweite Schale (L) nur noch sechs e⁻ übrig. Man sieht also, dass die Schalen nicht bei jedem Atom vollständig gefüllt sind.

Valenzelektronen

Die Elektronen in der äußersten Schale nennt man Außenelektronen oder auch Valenzelektronen. Welche chemische Eigenschaft ein Atom besitzt, hängt fast ausschließlich von der Anzahl der Valenzelektronen ab. Daher hat man diese zu Gruppen zusammengefasst.

Elektronenschalen, Valenzelektronen und das Periodensystem

In Abbildung 3.2 ist dargestellt, wie man die einzelnen Atomsorten eingeteilt hat. Anhand der Anzahl der Valenzelektronen sind die Elemente in

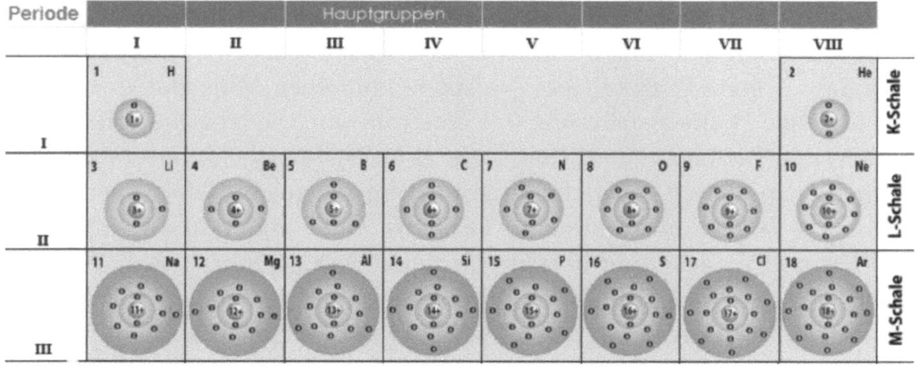

Abb. 3.2: Einteilung der Atome anhand ihrer Valenzelektronen in Hauptgruppen und Perioden – [5]

sogenannte Hauptgruppen eingeteilt worden. So bedeutet es zum Beispiel, dass ein Atom eines Elements aus der III. Hauptgruppe, drei Elektronen auf der äußersten Schale besitzt. Die einzige Ausnahme findet sich beim Heliumatom, das sich in der VIII. Gruppe befindet, jedoch nur die K-Schale mit zwei Außenelektronen befüllt hat.

Neben den Hauptgruppen ist das Periodensystem (siehe Abbildung 3.2) auch in verschiedene Perioden unterteilt. In jeder Periode befinden sich

Atome von Elementen, die die gleiche Anzahl an Schalen haben. Wie man sehen kann, haben zum Beispiel alle Elemente der II. Periode zwei Schalen (K und L).

3.3 Alkalische Wasserelektrolyse einfach erklärt

Auch in Kapitel 4 dort Abschnitt 4.1.1 auf Seite 46 ist die alkalische Wasserelektrolyse kurz erwähnt. Im Folgenden wird versucht, diese in einfachen Worten zu erklären. Wasserstoff (H) ist unendlich viel auf unserer Erde vorhanden. Er ist jedoch stets chemisch gebunden zum Beispiel in Form von Wasser. Um Wasserstoff als Kraftstoff nutzbar zu machen, muss dieser aus dem Wasser herausgelöst werden. Dies geschieht zum Beispiel mittels Elektrolyse. Wasser besteht aus H_2O-Molekülen, das heißt aus zwei Wasserstoffatomen und einem Sauerstoffatom. Elektronen binden diese beiden Atome. Mithilfe von elektrischem Strom kann Wasser in seine Bestandteile Wasserstoff und Sauerstoff zerlegt werden. Man hängt dazu zwei Elektroden ins Wasserbad – mit Zusatz von verdünnter Schwefelsäure, manchmal auch Salz – einen Pluspol (rot) $\rightarrow$ Anode und einen Minuspol $\rightarrow$ Kathode und legt eine Betriebsspannung (Gleichstrom) an, die langsam erhöht wird. Dabei kann beobachtet werden, dass eine Stoffabscheidung erst eintritt, wenn die Spannung einen bestimmten Wert erreicht. Man nennt diese Spannung Zersetzungsspannung. Diese ist unter anderem abhängig vom ph-Wert des Wassers und beträgt bei neutralem ph-Wert (ph = 7) 0,82 V. Am Pluspol trennen sich die H_2O-Moleküle. Zwei Sauerstoffatome verbinden sich miteinander und geben jeweils zwei Elektronen ab. Es entstehen (O2) + 4 Elektronen. Dieser wird an die Umgebungsluft abgegeben. Übrig bleiben vier Wasserstoffatome und vier Elektronen. Am Pluspol herrscht Elektronenmangel. Deshalb nimmt er die Wasserstoffelektronen auf. Am Minuspol herrscht Elektronenüberschuss, sodass die Wasserstoffatome zum Minuspol wandern. Zwei Wasserstoffatome und zwei Elektronen verbinden sich und es entsteht reiner gasförmiger Wasserstoff, und zwar in doppelter Menge, wie Sauerstoff entsteht. Mittels der Elektrolyse wird elektrische Energie in chemische Energie umgewandelt, die speicherbar ist. Die Reaktionsgleichung (Gesamtreaktion) bei der alkalischen Wasserelektrolyse lautet: $2\,H_2O \longrightarrow 2\,H_2 + O_2$

3.4 Wechselstrom – Erklärung und Funktionsweise

Die Informationen in diesem Abschnitt sind SCHÄFFER [6] entnommen. Wechselstrom ist derjenige Strom, der beim Endverbraucher zu Hause ankommt. Er ist kostengünstiger zu transportieren als Gleichstrom.

3.4.1 Was ist Wechselstrom?

Wechselstrom ist die Art von elektrischer Energie, die durch eine zyklische Variation in Größe und Richtung gekennzeichnet ist. Seine Schwingung ist sinusförmig, das heißt, seine Schwingungskurve geht kontinuierlich auf und ab. Unter gewissen Konditionen kann die Art und Weise der Schwingung auch anders zum Beispiel quadratisch oder dreieckig ausfallen.

Wechselstromzeichen

3.4.2 Wie funktioniert Wechselstrom?

Wechselstrom wechselt seine Polarisation landesspezifisch zwischen 50- bis 60-mal pro Sekunde. Man sagt, der Strom beträgt 50 oder 60 Hertz (Hz). In der Regel hat er in Deutschland 50 Hz. Wechselstrom, der in Deutschland an die Haushalte geliefert wird, hat eine sinusförmige Wellenform mit einer Spannung von 220 – 230 Volt und eine Frequenz von 50 – 60 Hz. Dies bedeutet, dass es jede Sekunde 50 – 60 Wechsel zwischen dem positiven und negativen Pol gibt. Wechselstrom hat keinen positiven und negativen Pol – siehe auch Abbildung 3.3 auf der nächsten Seite.

Bei Wechselstrom werden nicht die Pole voneinander unterschieden, sondern die unterschiedlichen Leiter. Man unterscheidet den Phasen- oder Außenleiter. Das ist derjenige Leiter, der den Strom zur Verbrauchsstelle bringt (Beleuchtung, PC, ...). Die Leitung, durch die der Strom wieder zurückfließt, heißt Neutral- oder Nullleiter. Die dritte Leitung, Erdung genannt, ist ein Kabel, das den Stromkreis vor Ableitstrom schützt.

Ableitstrom

In jeder elektrischen Isolation fließt über den Schutzleiter eine gewisse Menge Strom zur Erde. Dieser wird Ableitstrom genannt. Diese Stromaustritte entstehen in der Regel durch die Isolierung des Schutzleiters und durch

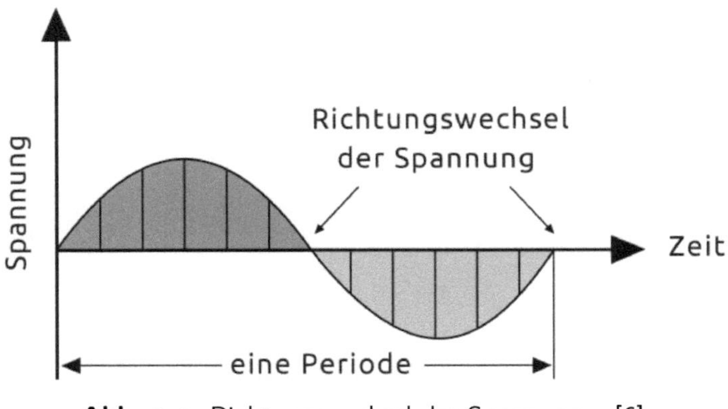

Abb. 3.3: Richtungswechsel der Spannung – [6]

Filter, die elektronische Geräte in Büros als auch im privaten Haushalt vor Überspannung schützen.

3.5 Gleichstrom und Wechselstrom – wo liegt der Unterschied?

Elektrizität ist die Art von Energie, die durch den Elektronenfluss durch ein Material übertragen wird. Insoweit handelt es sich um ein leitendes Material, das den Elektronenfluss in seinem Innern zulässt. Es gibt zwei Arten von Strom, nämlich Gleichstrom und Wechselstrom. Der Unterschied zwischen beiden besteht darin, wie sich die Elektronen innerhalb des Materials bewegen. Bei Wechselstrom bewegen sich die Elektronen in zwei Richtungen, die 50 – 60-mal pro Sekunde wechseln. Man sagt auch, dass sich bei Wechselstrom die Polarität zyklisch mit der Zeit ändert. Bei Gleichstrom bewegen sich die Elektronen nur in eine Richtung, von einem zum anderen Pol. Die Polarität bleibt konstant. Die meisten elektrischen Netze verwenden heutzutage Wechselstrom, wohingegen Batterien, Solarzellen und Dynamos Gleichstrom erzeugen. Auch die Art und Weise, wie Strom erzeugt wird, stellt einen Unterschied dar.

3.5.1 Erzeugung von Wechselstrom

Die Umwandlung von Bewegungsenergie in elektrische Energie erfolgt mittels Generator. Eine Windturbine wandelt die Bewegung des Windes in Elektrizität. Der Generator besteht aus mehreren Magneten, die sich gegenüberstehen und ein Magnetfeld bilden. Wird nun eine Kupferspule innerhalb des Magnetfeldes gedreht, wird ein elektrischer Strom erzeugt, der seine Polarisation im Verhältnis zu den Polen des Magneten ändert. Diese Polarisationswechsel bilden eine Welle, die zwischen dem positiven und negativen Pol schwingt. Diese kann sinusförmig, quadratisch oder dreieckig sein. Sie variiert in der Zeit in einem Verhältnis von Zyklen pro Sekunde. Bei diesem Zyklus handelt es sich um die Frequenz, die in der Einheit Hertz (Hz) angegeben wird.

3.5.2 Erzeugung von Gleichstrom

Gleichstrom oder Gleichspannung kann auf verschiedene Arten erzeugt werden, wie zum Beispiel aus chemischen Quellen (Batterien), in Solarpaneelen oder mittels Wärme (Peltier-Effekt; nach Jean Peltier, franz. Physiker – 1785–1845). Stets fließen die Elektronen linear und unverändert von einem Punkt zum anderen. Gleichstrom ist als einseitiger Stromfluss definiert, wobei sich Spannung und Strommenge ändern können, jedoch nicht die Richtung des Stromflusses. Viele Geräte, die wir täglich benutzen, werden mit Gleichstrom betrieben. In netzunabhängigen Anlagen mit erneuerbaren Energien werden meist 12 V-, 24 V- oder 48 V-Spannungen verwendet, und zwar Gleichstrom, weil er in Batterien gespeichert werden kann und auch dann zur Verfügung steht, wenn er nicht erzeugt werden kann.

3.5.3 Von Wechselstrom auf Gleichstrom umschalten

Die Unterschiede zwischen Wechselstrom und Gleichstrom eröffnen dem Stromkunden die Möglichkeit, je nach Einsatzfeld zwischen den beiden Stromarten zu wählen. Ein großer Unterschied zwischen den beiden Stromarten ist der, dass Wechselstrom besser geeignet ist, über große Strecken transportiert zu werden und dass nur Gleichstrom gespeichert werden kann. Es liegt nun auf der Hand, dass nach technischen Lösungen gesucht wurde, zwischen den Strömen umschalten zu können. Und diese technischen Lösungen wurden gefunden.

3.5.3.1 Von Wechselstrom zu Gleichstrom umschalten

Die Lösung heißt Gleichrichterbrücke. Sie besteht aus Dioden, die Schwankungen (Polaritätswechsel) des Stroms gleichrichten und ihn dadurch linear machen. Es gibt noch weitere technische Lösungen zur Gleichrichtung von Strom. Diese Bauteile filtern Spannungsspitzen aus dem Stromfluss heraus, machen ihn quasi dünner und richten ihn somit gleich. Die meisten Geräte, die wir privat nutzen, haben einen kleinen Umwandler (Gleichrichter) eingebaut oder extern, um Wechselstrom in Gleichstrom umzuwandeln.

3.5.3.2 Von Gleichstrom zu Wechselstrom umschalten

Geräte (Bauteile), die Gleichstrom in Wechselstrom umwandeln, werden Stromrichter oder Wechselrichter genannt. Sie erhöhen die Spannung von netzunabhängigen Anlagen (Solarmodule, Windturbinen oder Batterien) von 12 V, 24 V oder 48 V auf 220–230 V und wandeln durch ihre interne Elektronik Gleichstrom in Wechselstrom um. Es gibt zwei verschiedene Arten von Stromwechslern, den Sinusspannungswechsler mit reiner Welle und den Wechselrichter mit Rechteckwellenform (modifizierte Welle). Der Wechselrichter (Sinusspannungswechsler) mit modifizierter Welle ist der günstigste Stromrichter auf dem Markt. Der Sinusspannungswechsler mit reiner Welle erzeugt Wechselstrom mit einer Sinuswellenform. Er ist teurer als sein Pendant mit modifizierter Welle, aber er arbeitet auch effizienter als dieser. Wechselstrom mit Sinuswellenform ist der Strom, der uns nach Hause geliefert wird.

3.5.4 Wechselstrom Erfinder und Geschichte

Nikola Tesla (serbischer Erfinder, Physiker und Elektroingenieur; 1856–1943) hat gegen Ende des 19. Jahrhunderts ein Projekt des ersten Wechselstrommotors entwickelt und abgeschlossen. Auch andere Forscher und Erfinder unter anderem William Stanley (US-amerikanischer Erfinder; 1858–1916) gelingen Erfolge in der Wechselstromforschung. Tesla entwickelte den Vorläufer des Transformators, weil es ihm gelang, den Wechselstrom auf zwei isolierte Schaltkreise zu übertragen. Tesla, dem wohl größte Verdienste gebühren, wurde im sogenannten Stromkrieg – George Westinghouse

(US-amerikanischer Erfinder, Ingenieur, Großunternehmer; 1846–1914), ein Verfechter von Teslas Wechselstrom, der von ihm kommerzialisiert wurde, und Thomas Edison (US-amerikanischer Erfinder, Ingenieur, Unternehmer; 1847–1931), ein Verfechter des Gleichstroms, – aufgerieben. Das Bedürfnis, Strom in großem Umfang zu verteilen, führte schließlich dazu, dass sich der Wechselstrom durchsetzte.

Verlierer auf der ganzen Linie war Nikola Tesla, der nicht nur von Edison betrogen wurde – er zahlte ihm eine zugesagte Prämie von 50 000 US$ nicht aus, obwohl Tesla wie gefordert die Leistung von Edisons Gleichstrom-Dynamos wesentlich verbessert hatte –, sondern auch von Westinghouse, der Teslas Patente erwirbt. Dafür verspricht er Tesla eine Patentgebühr von zweieinhalb Dollar für jede Pferdestärke verkaufter »Tesla-Elektrizität«. Weil ab November 1896 Städte weltweit fast nur noch Wechselstromanlagen installieren, appelliert Westinghouse an Tesla, seine Firma stünde auf dem Spiel, wenn er Tesla auszahlen müsse. Westinghouse bietet Tesla stattdessen eine Abfindung in Höhe von 216 000 US$ an. Weil Tesla in Westinghouse einen Freund sieht, zerreißt er den Vertrag mit Westinghouse, der ihn zum Milliardär gemacht hätte. Nach weiteren vergeblichen Versuchen als Erfinder unternehmerisch Fuß zu fassen, stirbt Tesla, trotz des Ruhms und seiner rund 700 Patente, am 7. Januar 1943 mit 86 Jahren und verarmt in einem New Yorker Hotelzimmer [vgl. 7], [vgl. 8].

4 Herstellung von Grünem Wasserstoff

Wasserstoff ist der Brennstoff mit dem höchsten Energieinhalt. Werden ein Kilogramm Wasserstoff zu Wasser verdampft, wird dieselbe Energie frei wie bei der Verbrennung von zweieinhalb Kilogramm Benzin. Dieser hohe Gehalt des Wasserstoffs an chemischer Energie muss bei der Herstellung von Wasserstoff aus Wasser auch aufgebracht werden. Und da kein technischer Prozess in idealer Weise und ohne Verluste den thermodynamischen Gesetzen folgt, ist der Energieaufwand zur Bereitstellung von Wasserstoff immer höher als die letztlich im Energieträger Wasserstoff gespeicherte Energie. Jede Energiewandlung ist also mit irreversiblen Verlusten behaftet. Die vordringliche Aufgabe der Energietechnik ist es daher, diese Umwandlungsverluste möglichst klein zu halten.

(siehe SCHNURNBERGER [9, S. 50])

4.1 Wasserstoffproduktion mittels Elektrolyse

In einer zunehmend auf erneuerbaren Energien basierenden Energiewirtschaft wird »elektrischer Strom« ein wichtiger Energieträger werden. Wasserkraft, Windenergie und Fotovoltaik produzieren direkt elektrischen Strom und auch die Verstromung von Biomasse und Biogas kann aus regeltechnischen Gründen eine sinnvolle Ergänzung darstellen. Obwohl es natürlich am sinnvollsten ist, den Strom direkt zu nutzen, entsteht aus der Dominanz des Energieträgers »Elektrizität« die Notwendigkeit der Speicherung, um Abweichungen zwischen Nachfrage und Angebot ausgleichen zu können. Zusätzlich ist mit dem Angebot von viel erneuerbarem Strom das Kraftstoffproblem für Fahrzeuge noch nicht gelöst. Beides kann der Wasserstoff leisten. Hierzu muss jedoch elektrischer Strom in speicherbaren Wasserstoff gewandelt werden. Dies geschieht technisch mittels Elektrolyse. Die Wasserelektrolyse wird in ihrer konventionellen Form, der alkalischen

Elektrolyse, seit über 80 Jahren kommerziell eingesetzt – siehe Abbildung 4.1 auf der nächsten Seite.

(TÜV SÜD AG [10])

Die elektrolytische Herstellung von Wasserstoff ist verfahrenstechnisch das einfachste und (bezogen auf die eingesetzte elektrische Energie) ein sehr effizientes Verfahren. Wasserelektrolyse und Brennstoffzellenreaktion basieren auf denselben elektrochemischen Prinzipien (siehe Abbildung 4.2 auf Seite 46) durch Umkehrung der Stromrichtung wird elektrische Energie verbraucht (Elektrolyse) oder abgegeben (Brennstoffzelle). Die Wasserzersetzung durch die Elektrolyse besteht aus zwei Teilreaktionen an den beiden Elektroden, die durch einen Ionen leitenden Elektrolyten getrennt sind. An der negativen Elektrode (Kathode) entsteht Wasserstoff und an der positiven Elektrode (Anode) Sauerstoff. Der notwendige Ladungsausgleich findet durch Ionen Leitung statt. Um die Produktgase getrennt zu halten, sind die beiden Reaktionsräume durch einen Ionen durchlässigen Separator (Diaphragma) zu trennen. Die Energie zur Wasserspaltung wird durch die Zuführung von elektrischer Energie bereitgestellt.

Folgende Varianten der Elektrolyse gibt es:

1. Alkalische Elektrolyseure mit wässriger Kalilauge als Elektrolyt

2. Membranelektrolyseure mit einer protonenleitenden Membran als Elektrolyt

3. Wasserdampfelektrolyseure mit einer Keramikmembran als Sauerstoffionenleiter

Diesen Elektrolyseverfahren entsprechen hinsichtlich Elektrolyt und Betriebstemperatur:

1. die alkalische Brennstoffzelle (80°C)

2. die Membranbrennstoffzelle (80°C)

3. die oxidkeramische Brennstoffzelle (650 − 1000°C)

(SCHNURNBERGER [9, S. 52 f.])

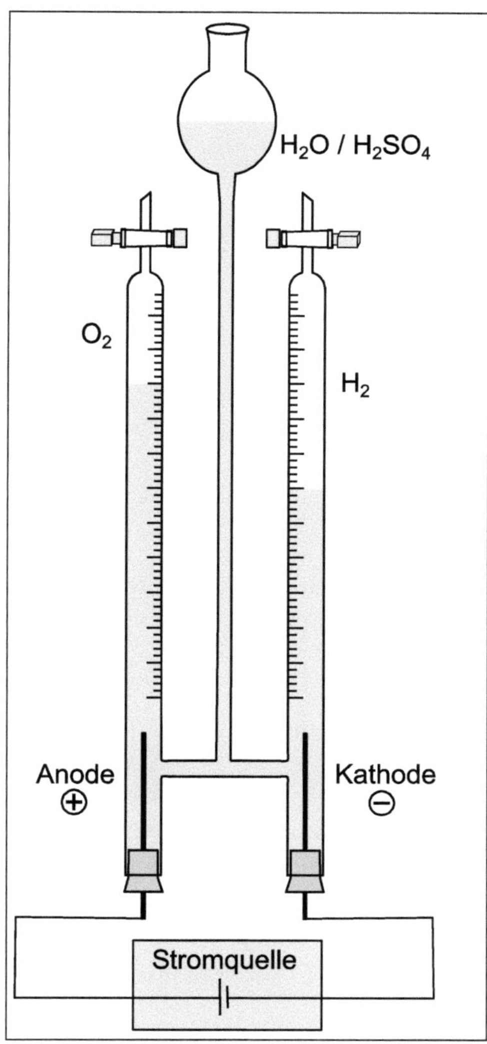

Abb. 4.1: Hofmannsche Zersetzungsapparat: H_2 und O_2 verhalten sich weitgehend wie ideale Gase. Damit haben die gemessenen Gasvolumina H_2 zu O_2 das Verhältnis 2:1 und folgen der Stöchiometrie der Elektrolyse. Die Gasvolumina sind proportional zum elektrischen Strom, der über die Zeit der Messung geflossen ist. Die Volumina sind also proportional zur elektrischen Ladung. – [11] in Anlehnung an [12]

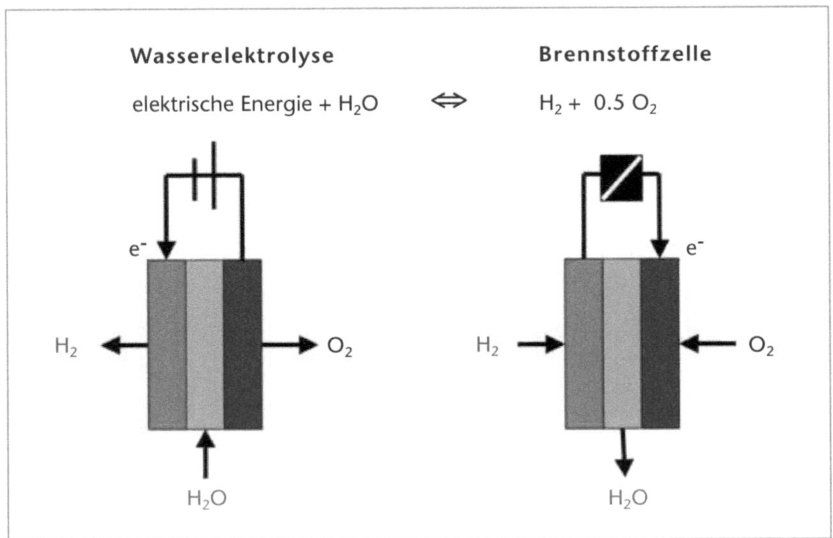

Abb. 4.2: Wasserelektrolyse und Brennstoffzellenreaktion: Durch Umkehrung der Stromrichtung wird elektrische Energie verbraucht oder abgegeben. – [9, S. 53]

4.1.1 Alkalische Wasserelektrolyse

Die Alkalielektrolyse arbeitet mit einem alkalischen, wässrigen Elektrolyten (Kalilauge). Kathoden- und Anodenraum sind durch ein mikroporöses Diaphragma getrennt, um die Vermischung der Produktgase zu verhindern. Die früher verwendeten Asbest-Diaphragmen werden inzwischen durch andere Materialien ersetzt. Bei Ausgangsüberdrücken von bis zu 3,0 MPa werden bezogen auf den unteren Heizwert des Wasserstoffs Wirkungsgrade um 65 bis 70 % erreicht.

Auf dem Markt verfügbar sind sowohl Elektrolyseure, die bei Umgebungsdruck arbeiten, als auch Druckelektrolyseure. Da der Wasserstoff in der Regel Drücken größer dem Umgebungsdruck gespeichert wird, sind Druckelektrolyseure von Vorteil (Einsparung von Strom für die Verdichtung, niedrigerer Platzbedarf und niedrigerer Investitionsbedarf aufgrund weniger Kompressorstufen). Moderne Elektrolyseanlagen eignen sich für fluktuierenden Betrieb und sind damit in Kombination mit regenerativen Stromerzeugungstechnologien einsetzbar.

4.1.2 PEM-Wasserelektrolyse

Die PEM-Wasserelektrolyse wird auch Membranelektrolyse genannt. Im Gegensatz zu den alkalischen Elektrolyseuren, bei denen Kalilauge verwendet wird, dient hier eine protonenleitende Membran als Elektrolyt (»Proton-Exchange-Membrane«). Die bisher angebotenen PEM-Elektrolyseure von Distributed Energy Systems in den USA erreichen Wirkungsgrade von etwa 50 %. Die Reinheit des erzeugten Wasserstoffs liegt bei mehr als 99,999 %. Hydro gibt für seinen PEM-Elektrolyseur einen Wirkungsgrad von etwa 68 % ($4{,}4\,\mathrm{kWh/Nm^3}$) bezogen auf den unteren Heizwert des erzeugten Wasserstoffs an. Die Reinheit des erzeugten Wasserstoffs beträgt 99,9 %. Der Ausgangsdruck des erzeugten Wasserstoffs beträgt 1,6 MPa (absolut) bei Distributed Energy Systems und 3,1 MPa (absolut) bei Hydro. Elektrolyseure, die Wasserstoff mit einem Druckniveau von 13,8 MPa und darüber bereitstellen, sind in der Entwicklung.

4.1.3 Hochtemperatur-Dampfelektrolyse

Hochtemperatur-Elektrolyseure werden seit einigen Jahren als interessante Alternative diskutiert. Vorteil wäre, einen Teil der Dissoziationsenergie des Wassers in Form von Hochtemperaturwärme um 800 – 1000°C einzubringen, um dann mit reduziertem elektrischem Aufwand die Elektrolyse zu vollziehen. Die Überlegungen zielen dahin, die in einem Solarkonzentrator produzierte Wärme zu nutzen. Denkbar wären etwa solarthermische Kraftwerke zur Stromerzeugung (Parabolrinnenkraftwerk) in Kombination mit einem solaren Turmkraftwerk in welchem Temperaturen von über 1000°C erzeugt werden können. Der elektrische Wirkungsgrad der Elektrolyse ließe sich so auf bis zu 90 % steigern. Dies ist jedoch nur möglich in Ländern mit viel direkter Sonnenstrahlung. Die Technik befindet sich im Stadium der Grundlagenforschung.

(TÜV Süd AG [10, S. 52 f.])

4.2 Brennstoffzellenantrieb

Ein Brennstoffzellenauto nutzt Wasserstoff für den Antrieb. Als Abgas entsteht nur Wasserdampf. Die Technologie bezeichnet man auch als Wasserstoffmobilität. Sie steht in Deutschland noch am Anfang einer vielversprechenden Entwicklung.

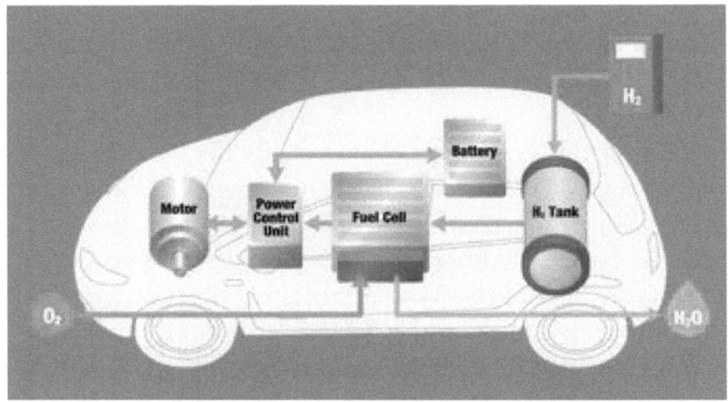

Abb. 4.3: Die Hauptkomponenten eines Brennstoffzellen-Kfz – [13]

4.2.1 Funktionsweise des Brennstoffzellenantriebs

Für den Antrieb in wasserstoffbetriebenen Fahrzeugen sorgt eine Brennstoffzelle. Ihr »Treibstoff« ist gasförmiger Wasserstoff. In einem chemischen Prozess reagiert er mit Sauerstoff. Dabei wird die im Wasserstoff gespeicherte Energie als Strom freigegeben, der dann einen Elektromotor antreibt. Ein Brennstoffzellenfahrzeug ist daher ein Elektrofahrzeug, das keine schädlichen Emissionen erzeugt. Beim Fahren wird als »Abgas« lediglich etwas Wasserdampf freigesetzt. Es gibt bereits leistungsfähige Brennstoffzellenfahrzeuge, die Reichweiten von bis zu 700 km ermöglichen.

Die Brennstoffzelle ist ein sehr effizienter Antrieb. Ihr elektrischer Wirkungsgrad liegt bei über 60 %. Zum Vergleich: Ein Benzinmotor erreicht nur einen Wirkungsgrad von 25 bis 35 %. Insgesamt liegt der Gesamtwirkungsgrad eines Brennstoffzellenfahrzeugs heute schon über dem eines herkömmlichen Pkw, trotz des Energieaufwands für die Produktion des Wasserstoffs.

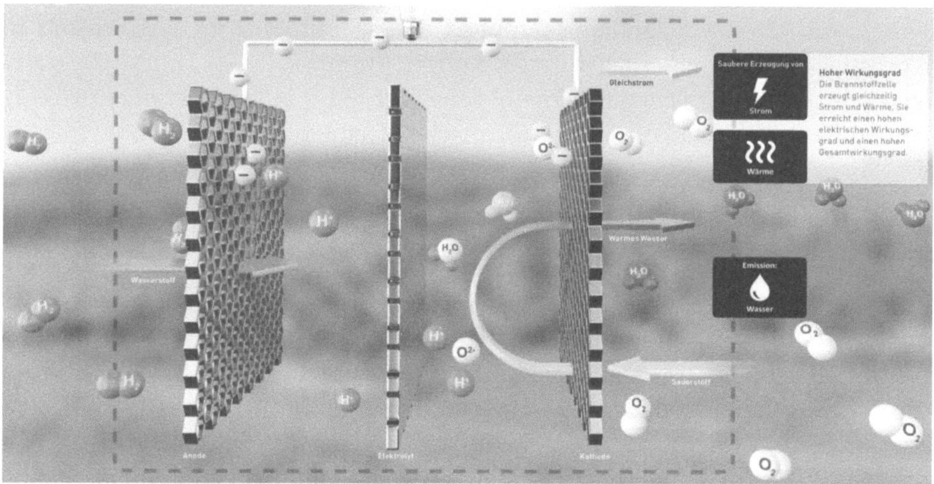

Abb. 4.4: Funktionsweise einer Brennstoffzelle – [13]

(ENBW ENERGIE BADEN-WÜRTTEMBERG AG [13])

4.2.2 Technik der Brennstoffzelle

Eine Brennstoffzelle wandelt als galvanische Zelle – auch Tertiärzelle genannt, zwei verschiedene Elektroden, ein Elektrolyt, dienen als Gleichspannungsquellen – die chemische Reaktionsenergie eines kontinuierlich zugeführten Brennstoffes und eines Oxidationsmittels in elektrische Energie. Brennstoffzellen sind also keine Energiespeicher, sondern Energiewandler, weil sie aus chemischer Energie elektrische Energie erzeugen – ähnlich wie eine Batterie. Allerdings ist der »Brennstoff« nicht wie bei der Batterie fest eingebaut. Im Betrieb gelangt er kontinuierlich von außen (aus dem Tank) zur Anode. Gleichzeitig wird Sauerstoff oder Luft als Oxidationsmittel der Kathode zugeführt. Da der Wasserstoff von sich aus mit dem Sauerstoff zu Wasser reagieren will, braucht es keine Energie von außen; deshalb sprechen Fachleute von »kalter Verbrennung«. Dabei wird Strom erzeugt und als »Abgas« bleibt Wasserdampf. Vorteil bei der kalten Verbrennung: Es entstehen keine Stickoxide oder andere unerwünschte Verbrennungsprodukte. Zurzeit kommen fast nur Niedertemperatur-Brennstoffzellen infrage, die typischerweise bei Temperaturen zwischen 0 und 100°C arbeiten. Bei der

Fahrt sind Brennstoffzellenfahrzeuge nahezu lautlos. Für den Einsatz in Autos ist die Polymer-Elektrolyt-Membran-Brennstoffzelle (kurz: PEMFC, englisch: »polymer electrolyte membrane fuel cell«) am weitesten entwickelt. Ebenfalls gut entwickelt ist die alkalische Brennstoffzelle (AFC).

4.2.3 Reaktion in der Brennstoffzelle

Das Herz der Brennstoffzelle besteht aus zwei Elektroden: der Anode und der Kathode. Sie sind durch einen Elektrolyten voneinander getrennt. Dieser ist für Gase undurchlässig. Jede der Elektroden ist mit einem Katalysator, beispielsweise aus Nickel oder Platin, beschichtet. So funktioniert die Zelle am Beispiel der Polymer-Elektrolyt-Membran-Brennstoffzelle: Der Anode wird Wasserstoff (H_2) zugeführt, der Kathode Sauerstoff (O_2). Auf der Anodenseite wird der Wasserstoff unter Abgabe von Elektronen zu Protonen oxidiert. Die Elektronen fließen von der Anode über einen äußeren Kreislauf zur Kathode. Es fließt Strom. Die Protonen diffundieren durch den Elektrolyten zur Kathode. An dieser entsteht aus den Protonen und Elektronen zusammen mit dem zugeführten Sauerstoff Wasser (H_2O). Eine Brennstoffzelle produziert also fortlaufend elektrische Energie, Wärmeenergie und Wasser. Im Vergleich zur Batterie hat die Brennstoffzelle den Vorzug, dass ein kontinuierlicher Betrieb über sehr lange Zeit ohne zwischenzeitliches elektrisches Aufladen möglich ist. Fahrzeuge mit Brennstoffzelle können große Mengen Wasserstoff mitführen, ohne dass sich ihr Gewicht stark erhöht – siehe auch Abbildung 5.4 auf Seite 84.

(EnBW Energie Baden-Württemberg AG [13])

4.2.4 Funktion eines Brennstoffzellenautos

Wasserstoff ist kein natürliches Element. Seine Herstellung ist nur mit Energie möglich. Um die Umwelt zu schützen, sollten dafür regenerative Energiequellen genutzt werden. Als optimaler Energieträger ist Wasserstoff für den Antrieb von Fahrzeugen besonders gut geeignet. Zudem lässt sich Wasserstoff leicht speichern und transportieren. So ist er einer der wichtigsten Energieträger der Zukunft. In einem Auto mit Brennstoffzelle (seine Komponenten sind in Abbildung 4.5 auf der nächsten Seite dargestellt)

Abb. 4.5: Funktionelle Einheiten eines Brennstoffzellenautos – [14]

befinden sich zwei spezielle Tanks außen im Unterboden des Fahrzeuges. Sie speichern den Wasserstoff. Über eine Leitung gelangt er in die Brennstoffzelle und reagiert dort mit Sauerstoff. Der Sauerstoff gelangt durch große Lufteinlässe in den Verdichter (siehe auch Abbildung 4.6). Durch eine chemische Reaktion, eine »kalte Verbrennung«, entsteht an der Membran die nötige Elektrizität für den elektrischen Antrieb des Autos. Eine Hochvolt-Batterie speichert zusätzlich Bremsenergie und setzt diese Energie bei Überholmanövern ein.

Abb. 4.6: Brennstoffzellenauto mit Lufteinlässen – [14]

(TOYOTA DEUTSCHLAND GMBH [14])

Glossar

A

Absorber auftreffende Sonnenstrahlung wird durch Absorption in thermische Energie umgewandelt – Gartenschlauch und Sonneneinstrahlung

Additum Hinzufügung, Ergänzung (zum Beispiel später zusätzliches Kapitel in einem Buch)

Aggregation von lateinisch aggregatio, dt. Anhäufung, Vereinigung; Chemie: (lockere) Zusammenlagerung von Atomen, Molekülen und/oder Ionen zu einem größeren Verband (Aggregat)

akkumulieren zusammentragen, von einer Sache her immer mehr zusammenbekommen

Allegorie Eine Allegorie ist eine anschauliche auf Sinnbildern beruhende Darstellung abstrakter Begriffe, Vorstellungen oder Zusammenhänge. Die Personifikation, wie zum Beispiel Frauengestalten mittels bestimmter Kennzeichen (Attribute) wie Haarfarbe, Alter, Kleidung, ist eine Sonderform der Allegorie und steht für einen bestimmten Begriff. So personifiziert (steht für) zum Beispiel eine Hexe (alte, hagere Frau mit langen Kleidern) das Böse ⟶ allegorisch: sinnbildlich, allegorisieren: mit einer Allegorie darstellen, versinnbildlichen.

ambivalent Das Adjektiv ambivalent bedeutet zwiespältig, mehrdeutig, vielfältig oder doppelwertig. Seine substantivische Entsprechung ist die Ambivalenz, die wiederum einen Zustand psychischer Zerrissenheit beschreibt, das heißt, in einer Person bestehen sich widersprechende Wünsche, Gefühle und Gedanken gleichzeitig nebeneinander, was zu inneren Spannungen führt.

Ampere Ampere (Stromeinheit), benannt nach André-Marie Ampère – französischer Physiker und Mathematiker, 20. 1. 1775 – 10. 6. 1836 –, eine Einheit für Stromstärke, also quasi für die Strommenge, die fließt. Ein Fluss kann aus viel Wasser bestehen oder auch aus wenig, genauso verhält es sich mit einem Fluss aus Strom. Die Stromstärke (Ampere) lässt sich wie folgt berechnen: Stromeinheit Ampere $=\frac{\text{Watt}}{\text{Volt}}$. In der Praxis bedeutet dies, dass ein Verbraucher zum Beispiel ein Laptop, der für den Ladevorgang seines Akkus zwei Ampere Nennstrom ziehen will, das Maximum auf dem Netzteil jedoch mit $<$ zwei Ampere angegeben ist, dieses Schaden nehmen und sogar Kurzschlüsse verursachen kann. Das heißt, ein Laptop mit zwei Ampere benötigt ein Netzteil mit $\geq$ zwei Ampere Nennleistung. Das Einheitenzeichen für Ampere ist A.

Antagonist Ein Antagonist (Plural: Antagonisten) ist ein Widersacher, Gegner oder auch Gegenspieler.

Anthropologie Lehre/Wissenschaft von Menschen

Arealnetz Ein Arealnetz stellt eine Einheit von Anlagen dar, die im Eigentum eines Besitzers oder derselben Miteigentümer ist (örtliche Einheit). Es kann sich auf mehrere zusammenhängende Grundstücke ausdehnen. Die elektrische Energie wird über Leitungen und – in der Regel – Transformatorenstationen im Eigentum des Arealnetzeigentümers innerhalb des Arealnetzes verteilt (VSE 2018). [39, S. 7]

Artefakt Kunstprodukt, Machwerk, menschliche Hervorbringnisse (Gemachtes)

artifiziell künstlich, künstlerisch

Assemblierungszeit Zeitspanne für den Zusammenbau verschiedener Komponenten

Asymmetrie zum Beispiel nicht gleichberechtigte Partner in der Kommunikation (Arbeitnehmer – Chef)

Atombindung auch kovalente Bindung, Elektronenpaarbindung oder homöopolare Bindung; eine Form der chemischen Bindung, verantwortlich für den festen Zusammenhalt von Atomen in vielen chemischen Verbindungen. Wir unterscheiden die Atombindungen, die sich besonders zwischen den Atomen von Nichtmetallen ausbilden, die ionischen Bindungen zwischen Nichtmetallen und Metallen und die metallischen Bindungen zwischen Metallen.

B

Baryonen subatomare Teilchen mit relativ großer Masse – Proton, Neutron und weitere noch schwerere Teilchen

basal fundamental, grundlegend, aus der Basis hervorgehend

Bayerische Zentrum für Angewandte Energieforschung e. V. »ZAE Bayern – Wir arbeiten an der Schnittstelle zwischen erkenntnisbasierter Grundlagenforschung und angewandter Industrieforschung. Unter dem Leitbild ›Exzellente Energieforschung – Exzellente Umsetzung‹ realisieren wir komplette Innovationspakete, die auf Synergien zwischen Erzeugung, Speicherung und Effizienzmaßnahmen bauen.« [31] Das ZAE Bayern hat seinen Sitz in Würzburg.

binär paarweise, je zwei

Biogas »Bei der Vergärung von Biomasse entstehendes Gas. Es kann in BHKW-Anlagen zur Vor-Ort-Verstromung genutzt werden oder auf Erdgasqualität aufbereitet werden. Das so entstehende Biomethan kann anschließend in das Erdgasnetz eingespeist werden.« [46, S. 64]

Biomethan, auch Bioerdgas »Zur Einspeisung ins Erdgasnetz geeignetes regeneratives Biogas mit hohem Methangehalt.« [46, S. 64]

Blauer Wasserstoff »Wasserstoff, bei dessen Herstellung aus Methan kein CO_2 in die Atmosphäre gelangt. Das bei der Reformierung von konventionellem Erdgas emittierte CO_2 kann aufgefangen und in geologischen Strukturen gespeichert werden (sog. CO_2-Speicherung) oder wiederum zur Herstellung von synthetischem Methan dienen.« [46, S. 64]

Blockchain Blockchain, auch Block Chain, englisch für Blockkette; »Blockchain ist eine Technologie zur gesicherten Verarbeitung und Prüfung von Datentransaktionen auf Basis eines verteilten Peer-To-Peer-Netzwerks. Blockchain ist Teil der Distributed Ledger Technologie-Familie. Sie nutzt kryptographische Verfahren, Konsensalgorithmen und rückwärtsverlinkte Blöcke, um Transaktionen praktisch unveränderbar zu machen.« [42, S. 15] Für eine weiterführende Ausführung der Blockchain-Klassifizierungen siehe [43].

Break-even-Point Die folgenden Ausführungen sind [55] entnommen. Der Break-even-Point (BEP), auch Gewinnschwelle oder Mindestabsatz genannt, ist der Punkt, an dem die Gesamtkosten (Fixkosten + variable Kosten) für eine Produktion oder ein Produkt genauso hoch sind wie der Gesamtumsatz (Erlöse). Erlöse und Gesamtkosten halten sich die Waage. Das Unternehmen erwirtschaftet weder Verlust noch Gewinn. Es seien K Gesamtkosten und E Erlöse oder Gesamtumsatz. Wenn $E - K = 0$ ist,

ist der BEP erreicht. Eine weitere entscheidende Größe zur Ermittlung des Break-even-Points ist der Deckungsbeitrag.

Fixe Kosten

Fixe Kosten fallen immer an, unabhängig davon, wie viel produziert oder verkauft wird. Man nennt sie auch zeitunabhängige oder feste Kosten. Sie entstehen selbst dann, wenn das Unternehmen nicht produziert (Betriebsferien). Zu den Fixkosten zählen Miete, Gehaltskosten von Festangestellten, Leasingraten, Prämien für Versicherungen, Zinsen, Abschreibungen, ...

Variable Kosten

Variable Kosten sind veränderlich und leistungsabhängig. Ihre Höhe ist abhängig von der produzierten und verkauften Warenmenge. Zu den variablen Kosten zählen zum Beispiel Materialverbrauch, Energie- Fracht- und Transportkosten, Kosten für Leiharbeiter, Akkordlöhne, ... Es gibt proportional variable (Anstieg der variablen Kosten gleich dem Anstieg von Produktions- oder Verkaufsmenge), progressiv variable (Anstieg stärker – zum Beispiel infolge gestiegener Produktion sehr hohe Zunahme von Wartungskosten für Maschinen) und degressiv variable Kosten (Anstieg geringer als der Absatz – zum Beispiel Mengenrabatte für größere Einkaufsmengen). Dividiert man die gesamten variablen Kosten eines Produkts durch die produzierte oder verkaufte Stückmenge erhält man die variablen Stückkosten. Sie stellen die absolute Preisuntergrenze dar.

Deckungsbeitrag

Subtrahiert man die variablen Kosten vom Umsatz eines Unternehmens, erhält man den Deckungsbeitrag (englisch: contribution margin). Dieser steht dem Unternehmen zur Deckung seiner Fixkosten zur Verfügung. Wenn Deckungsbeitrag und Mindestumsatzmenge für genau ein Produkt berechnet werden sollen, benötigen wir folgende Variablen: p Preis pro Einheit, k_v variable Kosten pro Einheit, K_f fixe Kosten gesamt und x Mindestumsatzmenge. db ist der Deckungsbeitrag je Stück. Seine Berechnungsformel lautet $db = p - k_v$. Die Formel für die Mindestumsatzmenge lautet $x = \frac{K_f}{db}$. Soll db für mehr als ein Produkt ermittelt werden, so ist er in Prozent des Umsatzes anzusetzen. Es seien x der wertmäßige Mindestumsatz, K_f die fixen Kosten gesamt und d der Deckungsbeitrag DB in Prozent des Umsatzes. Die Formel lautet $d = \frac{100 \cdot K_f}{x}$ oder $x = 100 \cdot \frac{K_f}{d}$ für die Mindestumsatzmenge. Ist der Deckungsbeitrag höher als die Fixkosten, macht das Unternehmen Gewinn. Liegt er bei 0 €, ist der Break-even-Point erreicht. Abbildung 5.10 auf Seite 87 zeigt die Mengenänderungen im Break-even-Diagramm.

Brennstoffzelle engl. Fuel Cell: Elektrolyt-Membran + negative Elektrode + positive Elektrode + zwei Separatoren = Brennstoffzelle; Fuel Cell Stack notwendig = mehrere Hundert von Brennstoffzellen; Energieerzeugung (elektrische Energie) durch chem. Verfahren. Die Basiselemente dieses Prozesses sind Wasserstoff und Sauerstoff. Der Wasserstoff gelangt zur negativen Elektrode, wo er auf einem Katalysator aktiviert wird. Elektronen setzen sich frei und wandern zur positiven Elektrode. Dabei entsteht ein elektrischer Strom. Die Wasserstoff-Atome verwandeln sich durch die Abgabe der Elektronen in Wasserstoff-Ionen. Die Ionen fließen durch die Polymer-Elektrolyt-Membran zur negativen Elektrode. Dort entsteht aus Sauerstoff, Wasserstoff-Ionen und Elektronen durch eine chemische Reaktion schließlich Wasser.

C

Camouflage Irreführung, Täuschung, Tarnung

Carbon Capture and Storage (CCS) CO_2-Abscheidung und -Speicherung, so die deutsche Übersetzung, bezeichnet ein Verfahren, mittels dessen das bei einer Verbrennung freiwerdende Treibhausgas Kohlenstoffdioxid vom Abgasstrom getrennt, verflüssigt und unter der Erde eingelagert wird.

Choreografie erfinden und einstudieren von Bewegungen (Tanz)

Cobalt stahlgraues, sehr zähes Schwermetall; Erz

Congressional Research Service Der Congressional Research Service (CRS) – auch Congress's think tank – ist eine Unteragentur der Legislative (Kongress) in den USA, die wiederum aus den zwei Kammern Senat und Repräsentantenhaus besteht. Er arbeitet ausschließlich dem Kongress zu und ist unabhängig von Parteien. Der Congressional Research Service ist als Forschungseinrichtung innerhalb der Kongressbibliothek (Library of Congress) angesiedelt und wird aus deren Budget finanziert.

Er beschäftigt Politikanalysten, Juristen und Informatikexperten, in Summe mehr als 400. Diese arbeiten in den fünf Forschungsabteilungen, nämlich »US-amerikanisches Recht«, »Inländische Sozialpolitik«, »Auswärtige Angelegenheiten, Verteidigung und Handel«, »Regierung und Finanzen« und »Ressourcen, Naturwissenschaften und Industrie«. Ein bedeutender Teil des Congressional Research Service ist die Abteilung »Auswärtige Angelegenheiten, Verteidigung und Handel« mit ihren acht regionalen und funktionalen Untersektionen. Diese beschäftigt sich mit den Beziehungen der USA zu einzelnen Ländern, regionalen Trends und transnationalen Problemen wie Terrorismus, Flüchtlingsbewegungen und sonstigen humanitären Krisen; globaler Gesundheit; Nichtverbreitung von Atomwaffen; globalen Institutionen wie die Vereinten Nationen. Es gibt keinen geografischen Schwerpunkt, sondern alle Länder weltweit werden analysiert. Der thematische Schwerpunkt des Congressional Research Service wird getragen von der Abteilung »Auswärtige Angelegenheiten, Verteidigung und Handel«. Nach eigenen Angaben arbeitet der Congressional Research Service mit gesicherten Forschungsmethoden, frei von Vorurteilen und verwendet, wenn immer möglich, Primärquellen. Durch einen Review-Prozess auf mehreren Ebenen (Peer-Reviews) wird sichergestellt, dass die Bearbeitung von Themen, die Fertigung von Analysen und Publikationen höchsten wissenschaftlichen Standards genügen. Für das Geschäftsjahr 2019 werden die Personalkosten und sonstigen Ausgaben des Congressional Research Service mit 125 688 000 USD beziffert [vgl. 51].

D

Dampfreformierung »Die Dampfreformierung ist ein kosten- und energieeffizientes Verfahren zur Gewinnung von Wasserstoff aus kohlenstoffhaltigen Energieträgern, wie Erdgas, Leichtbenzin, Methanol, Biogas oder Biomasse unter Zugabe von Wasserdampf.« [46, S. 64]
Dekarbonisierung engl. carbon, dt. Kohlenstoff; Abkehr vom Kohlenstoff speziell im Energiesektor, weil die Verbrennung von Kohle, Erdgas oder Öl Kohlenstoff freisetzt, der als CO_2 die Erdatmosphäre erreicht
dekontextualisieren herauslösen der Struktur aus dem Aufgabenkontext
Differenz unterschiedlich (zum Beispiel Defizite im sprachlichen Ausdruck)

Diffusion Verschmelzung, gegenseitige Durchdringung (Gase, Flüssigkeiten; Brownsche Molekularbewegung); Physik: Streuung des Lichts

Diode Die Diode ist ein sogenanntes Sperrventil, welches den Strom nur in eine Richtung passieren lässt. Sie besteht aus einer Anode und einer Kathode. Ihr Schaltzeichen ist in Abbildung 5.1 auf Seite 82 dargestellt. Schließt man plus an die Anode (Pfeil) und minus an die Kathode (Balken), so fließt Strom durch die Diode – die Diode ist in Durchlassrichtung geschaltet. Man kann die Diode auch umpolen – plus an Kathode, minus an Anode. Dann lässt sie keinen Strom durch – die Diode ist in Sperrrichtung geschaltet – zu in Durchlassrichtung und Sperrrichtung geschaltet siehe die Schaltzeichen in Abbildung 5.1 auf Seite 82. Dioden können nur bestimmte Ströme und Spannungen verkraften. Deshalb muss dies vor ihrem Einsatz bedacht werden. Eine bekannte Diode ist die light emitting diode, abgekürzt LED – siehe dazu Abbildung 5.9 auf Seite 87. Es gibt noch Laserdioden, Infrarotdioden, Fotodioden, Z-Dioden, … Dioden mit Durchlass- und/oder Sperrfunktion werden typischerweise zur Gleichrichtung von Wechselspannung in einem Netzteil verwendet. Die ständig Plus und Minus wechselnde Spannung (Wechselspannung) wird in eine Richtung fließende Gleichspannung gewandelt, wie zum Beispiel die in Batterien vorkommende Spannung. Man muss noch wissen, dass an einer in Durchlassrichtung betriebenen Silizium-Diode $0{,}7\,\mathrm{V}$ abfallen [vgl. 59].

Dissoziation regelwidriger (krankhafter) Zerfall des Ganzen in weitgehend unkontrollierte Teile und Einzelerscheinungen

Dissoziationsenergie Chemie: benötigte Energiemenge zur vollständigen Spaltung der kovalenten (chem. Bindung $\rightarrow$ Zusammenhalt von Atomen in molekular aufgebauten chemischen Verbindungen) Bindung zwischen zwei Atomen eines Moleküls; dissoziieren: in kleinere Teilchen zerfallen

Distributed Ledger »Distributed Ledger ist die Bezeichnung für eine Art von verteilter Datenbank. Die Datenbank ist mehrfach in Kopie lokal bei den Teilnehmern eines Netzwerks, den sogenannten Nodes, gespeichert. Der Austausch von Daten erfolgt in der Regel auf Basis einer Peer-to-Peer-Netzwerk-Architektur. Teil des Netzwerkprotokolls sind Konsensmechanismen, die dafür sorgen, dass stets alle Kopien synchronisiert

sind und nur ein einziger Zustand der Datenbank existiert.« [43, S. 11]
Zur Distributed Ledger Technologie (DLT) siehe auch [45, S. 250–253]
Diversifikation Veränderung, Abwechslung, Vielfalt
Dotierung Einbringen von Fremdatomen in eine Schicht oder in das Grundmaterial eines integrierten Schaltkreises

E

E-Fuels »Synthetische Kraftstoffe, für deren Herstellung elektrischer Strom als Energiequelle dient. Der Strom wird zunächst genutzt, um mittels Elektrolyse Wasserstoff herzustellen. Der Wasserstoff wird dann in einem Syntheseverfahren zu kohlenstoffhaltigen Kraftstoffen weiterverarbeitet. Als Kohlenstoffquelle kann CO_2 aus der Luft oder aus Produktionsprozessen dienen. Die Herstellungsverfahren werden unter anderem als Power-to-Liquid (PtL) oder Power-to-Fuel (PtF) bezeichnet.« [39, S. 7]
e-mobil BW GmbH Landesagentur für neue Mobilitätslösungen und Automotive Baden-Württemberg (siehe [32])
egozentrisch Eine Person ist egozentrisch, wenn sie alle Ereignisse vom eigenen Standpunkt aus bewertet und dies auch nach außen hin zeigt. Ein solcher Mensch denkt nur an sich und sieht sich im Mittelpunkt.
Elektrolyse chemischer Prozess – elektrischer Strom $\rightarrow$ Redoxreaktion
Elektrolyseur Vorrichtung zur Zerlegung von Wasser durch Elektrolyse in Wasserstoff und Sauerstoff
Elektron Das Elektron ist ein subatomares Teilchen mit negativer Ladung, die auch als Elementarladung bezeichnet wird. Elektronen bilden die Hülle eines Atoms.
Emission lat. emittere; dt. Ausstoß, Austrag; Quelle: Emittent
endogen von innen nach innen oder außen wirkend
Enkulturation in eine Kultur einbinden
Entität alles Existierende, Seiende (Gegenstände, Eigenschaften)
Environmental Challenge 2050 Umweltherausforderung 2050
Ether Verb. organische Chemie; zwei Kohlenstoffreste (Organylreste) durch Sauerstoffatom verbunden, allgemeine Formel: $R_1 - O - R_2$
Ethnographie Völkerbeschreibung (Leben, Sozialstruktur)
Ethnologie Völkerkunde

ethnomethodologisch praktisch Forschen im Bereich sozialen Verhaltens

EUGAL »Die Europäische Gas-Anbindungsleitung (EUGAL) ist ein Pipelineprojekt der GASCADE Gastransport GmbH, an dem ONTRAS als Bruchteilseigentümer beteiligt ist. Die EUGAL ist wie vorgesehen seit dem 1. Januar 2020 betriebsbereit.« [46, S. 64]

ex situ außerhalb des (Ursprungs-)Ortes

exogen von außen nach innen oder außen wirkend

Exophonie (Adj. exophon) bezeichnet das Schreiben von Belletristik (Unterhaltungsliteratur z. B. Roman, Erzählung) in einer Sprache, die nicht die eigene Muttersprache ist.

Exothermie chemische Reaktion, Energiefreisetzung > als Aktivierungsenergie Vorzeit aus Abbauprodukten von toten Pflanzen und Tieren entstanden sind

explizit ausdrücklich, deutlich (bezüglich der Darstellung, Erklärung), ausführlich und differenziert

Exponentialfunktion Mit der Exponentialfunktion wird exponentielles Wachstum beschrieben. Anwendungsfälle für die Exponentialfunktion gibt es in der Natur, Finanzwirtschaft und der Technik – radioaktiver Zerfall (Halbwertszeit), bakterielles Wachstum (Generationszeit), Zinseszinsrechnung, … Die Exponentialfunktion – zur allgemeinen Basis – wird wie folgt beschrieben:

Es sei a eine positive reelle Zahl. Die Funktion

$$\exp_a : \mathbb{R} \to \mathbb{R}, \ \exp_a(x) = a^x$$

heißt **Exponentialfunktion** oder genauer **Exponentialfunktion zur Basis a.**

Extrusion formgebendes Verfahren, überwiegend für thermoplastische Kunststoffe, aber auch in der Lebensmittelindustrie verwendet u. a. für Erdnussflips, … Dabei wird eine zähe Masse unter hohem Druck und hoher Temperatur durch eine formgebende Öffnung gepresst.

F

Feedstock Ausgangsmaterial, Rohmaterial, Rohstoff

Feuerungswärmeleistung »Die Feuerungswärmeleistung ist die maximal gleichzeitig einer Verbrennungseinheit zuführbare, auf den unteren Heizwert bezogene Brennstoffenergie. Die Art des eingesetzten Brennstoffs ist unbeachtlich.« [46, S. 64]

fluktuieren veränderlich sein, schwanken, fließen

ForschungsVerbund Erneuerbare Energien e. V. »Der ForschungsVerbund Erneuerbare Energien (FVEE) ist eine bundesweite Kooperation von Forschungsinstituten. Die Mitglieder erforschen und entwickeln Technologien für erneuerbare Energien, Energieeffizienz, Energiespeicherung und das optimierte technische und sozio-ökonomische Zusammenwirken aller Systemkomponenten. Gemeinsames Ziel ist die Transformierung der Energieversorgung zu einem nachhaltigen Energiesystem.« [30] Der FVEE hat seinen Sitz in Berlin.

Fraunhofer IBP Fraunhofer-Institut für Bauphysik, Stuttgart

Fraunhofer IEE Fraunhofer-Institut für Energiewirtschaft und Energiesystemtechnik, Kassel

Fraunhofer ISE Fraunhofer-Institut für Solare Energiesysteme, Freiburg

fundierend basierend, gründend

G

genuin ursprünglich, original

Geragogik Alterspädagogik

Gerontologie Alters- und Alternswissenschaft

Grauer Wasserstoff »Durch Dampfreformierung aus Erdgas gewonnener Wasserstoff, bei dessen Herstellung CO_2 in die Atmosphäre emittiert wird.« [46, S. 64]

Grüner Wasserstoff »Durch Power-to-Gas bzw. Elektrolyseverfahren erzeugtes, klimaneutrales Gas. Bei der Herstellung wird Wasser mit elektrischer Energie in Wasserstoff und Sauerstoff gespalten. Der so erzeugte Wasserstoff wird unter der Voraussetzung, dass ein bestimmter Anteil des eingesetzten Stroms aus erneuerbare Energie gewonnen wird, als ›grün‹ bezeichnet.« [46, S. 64]

H

Hadron von starker Wechselwirkung zusammengehaltene Teilchen – Protonen, Neutronen (Nukleonen), ...; Bestandteile des Atomkerns

Hashtag Hashtag aus englisch hash – Schriftzeichen Doppelkreuz (#) – und englisch tag – Markierung – ist ein mit Doppelkreuz versehenes Schlüssel- oder Schlagwort, das damit als potentieller Suchbegriff markiert wird. Das Hashtag dient dazu, Nachrichten mit bestimmten Inhalten oder zu bestimmten Themen in sozialen Netzwerken auffindbar zu machen. Der Hash wird ohne Leerzeichen vor den Tag gesetzt, wie zum Beispiel #hashtag. Groß- oder Kleinschreibung ist möglich. Der Hashtag darf nur aus Buchstaben und Ziffern bestehen. Werden mehrere Hashtags hintereinander benutzt, sind diese durch Leerzeichen zu trennen.

Hertz Das Hertz (Einheitenzeichen: Hz) ist die SI-Einheit der Frequenz. Sie gibt die Anzahl sich wiederholender Vorgänge pro Sekunde in einem periodischen Signal an. Die Einheit wurde 1930 nach dem deutschen Physiker Heinrich Hertz (1857–1894) benannt. In der Schwingungsmesstechnik (Drehzahl einer Maschine), bei elektromagnetischen Wellen (Radiowellen), bei Schallwellen (Kammerton a' $\rightarrow$ 440 Hz), bei stehenden Wellen und dem Frequenzspektrum wird Hz als Einheit verwendet. Gebräuchliche dezimale Vielfache (Präfixe) von Hz sind: Kilohertz (kHz) $\rightarrow 10^3$ Hz, Megahertz (MHz) $\rightarrow 10^6$ Hz, Gigahertz (GHz) $\rightarrow 10^9$ Hz, Terahertz (THz) $\rightarrow 10^{12}$ Hz, Petahertz (PHz) $\rightarrow 10^{15}$ Hz, Exahertz (EHz) $\rightarrow 10^{18}$ Hz

Heuristik Kunst mit sehr begrenzten Ressourcen (Wissen, Zeit) zu guten Lösungen, Ergebnissen zu kommen – heuristisch arbeiten

Hinico Hinicio ist ein Unternehmen, das Firmen strategisch berät, wenn es um nachhaltige Energie und Verkehr geht. Es hat seinen Sitz in Brüssel und eine Dependance in Paris sowie in Peking.

HJT-Perowskit-Tandemsolarzelle Silizium-Heterojunction-Perowskit-Tandemsolarzelle; neueste Generation von Solarzellen; zurzeit Projekt, gefördert vom BMWi, 6-Zoll-Wafer-Skalierung angestrebt $\rightarrow$ Wirkungsgrad von 26 % – siehe auch Abbildung 5.5 auf Seite 84

I

Immission lat. immittere; dt. hineinschicken, -senden; Einwirkungen auf Mensch und Umwelt

Implikation Einbeziehung von etwas in etwas anderes; Mathematik: Verbindung von zwei Aussagen/Formen durch wenn – dann

implizit mit enthalten, mit gemeint, aber nicht ausdrücklich gesagt, nicht aus sich selbst zu verstehen, sondern logisch zu erschließen (mit eingeschlossen, mit gemeint, mit inbegriffen)

in situ an Ort und Stelle (zum Beispiel im Bauwesen: Ausführung bestimmter Verfahren vor Ort, etwa Altlastensanierung)

Indium seltenes chem. Element (silberweiß, weich), hauptsächlich als Nebenprodukt bei der Produktion von Zink oder Blei gewonnen

indizieren etwas erkennen lassen, auf etwas hinweisen (Index), für etwas sein

induzieren bewirken, hervorrufen, auslösen

inkrementell schrittweise erfolgend, aufeinander aufbauend

Insuffizienz Unzulänglichkeit, Unfähigkeit oder Schwäche

intermediär dazwischenliegend

Iridium chem. Element, seltenes Metall

J

Joule Joule (Maßeinheit der Energie), benannt nach James Prescott Joule – britischer Brauer und Physiker, 24. 12. 1818 – 11. 10. 1889. Es gilt: $1\,J = 1\,N \cdot m = 1\,\frac{kg\,m^2}{s^2}$. Joule wird heute für alle Energieformen verwendet. In der Praxis sind aber verschiedene andere Einheiten üblich, die jedoch alle in Joule umgerechnet werden können. Mechanische Arbeit (W) wird bemessen nach der Kraft von $1\,N$, wenn diese entlang einer Strecke von $1\,m$ wirkt. Dann ist $1\,Nm = 1\,J$. Die Leistung in der Elektrotechnik (W) wird oft in der Einheit VA (Volt · Ampere) angegeben. Es sind dann $1\,VAs = 1\,Ws = 1\,J$ und $3{,}6 \cdot 10^6\,J = 3{,}6\,MJ = 1\,kWh$. In der Wärmelehre und bei Nährwertangaben (eigentlich Brennwertangaben) wird teilweise noch die veraltete Einheit Kalorie (cal) benutzt $\rightarrow 1\,cal = 4{,}187\,J$. Weil in der Atom- und Elementarteilchenphysik die Energien viele Größenordnungen kleiner als in der Alltagsphysik sind, multipliziert man dort das Joule mit dem Zahlenwert der Elementarladung und erhält das Elektronenvolt (eV): $1\,\mathrm{eV} = 1{,}602 \cdot 10^{-19}\,\mathrm{J}$. Das Einheitenzeichen für Joule ist J.

K

Kavernenspeicher Kavernenspeicher sind künstliche Hohlräume in unterirdischen Salzstöcken. Angelegt werden sie durch Bohrung und Aussolung. Dabei wird Salz mithilfe von Wasser gelöst und an die Erdoberfläche gefördert. Die dadurch entstehenden zylinderförmigen Hohlräume haben einen Durchmesser von bis zu 100 m, sind zwischen 50 und 500 m hoch und können maximal 50 000 000 m³ Gas aufnehmen. Die Kavernen liegen in einer Tiefe von vielen hundert Metern unter der Erdoberfläche, manche bis zu 2,5 km tief. Die Eigenschaften von Salz und die Mächtigkeit der Salzstöcke garantieren eine natürliche Dichtheit. Auskleidungen wie bei bergmännisch geschaffenen Felskavernen sind unnötig. (siehe [33] und Abbildung 5.2 auf Seite 83)

Kernladungszahl Die Anzahl Protonen wird auch Kernladungszahl genannt. Zum Beispiel hat das Element Sauerstoff (O) die Kernladungszahl 8, also 8 Protonen im Kern. In der Chemie ist über die Anzahl der Protonen (Kernladungszahl) definiert, welches Element vorliegt.

Kilowatt$_{\text{Peak}}$ Wenn es darum geht, die Größe einer Solaranlage zum »Erzeugen« elektrischen Stroms (PVA) zu beschreiben, benutzt man häufig die Maßeinheit Kilowatt$_{\text{Peak}}$ ($\mathrm{kW_p}$) – engl. peak Spitze. Sie beziffert die Spitzenleistung einer Anlage. Analog zur Einheit Watt (W) und ihren Vielfachen Kilowatt (kW), Megawatt (MW) und Gigawatt (GW) gibt es auch Watt$_{\text{Peak}}$ ($\mathrm{W_P}$), Kilowatt$_{\text{Peak}}$ ($\mathrm{kW_P}$), Megawatt$_{\text{Peak}}$ ($\mathrm{MW_P}$) und Gigawatt$_{\text{Peak}}$ ($\mathrm{GW_P}$). Weil es nicht normgerecht ist, der Einheit W den Zusatz Peak anzufügen, ist zum Beispiel die Bezeichnung $\mathrm{kW_P}$ umgangssprachlich zu verstehen. Sie beschreibt die elektrische Leistung der betreffenden Anlage unter standardisierten Testbedingungen, sogenannten Standard-Testbedingungen (STC) (siehe dazu auch Abbildung 5.8 auf Seite 86). Dies ist also die Nennleistung der Anlage unter Annahme der Standard-Testbedingungen. So ist es möglich, die Solarmodule/Solarzellen unterschiedlicher Hersteller möglichst unabhängig zu vergleichen. Die

Standard-Testbedingungen beschreiben das Optimum für den Betrieb von Solaranlagen – optimale Umgebungsbedingungen. Eine kristalline Photovoltaikanlage mit Südausrichtung wandelt Sonnenenergie (Lichtquanten) in elektrische Energie (Solarstrom) um und »erzeugt« davon im Mittel $1000\,kWh/kW_P$. Bei Südausrichtung und 32° Dachneigung sind $6{,}65\,m^2\,Dachfläche/kW_P$ anzusetzen – Standard 2018. Außerdem wird ein Stromspeicher benötigt.

Kilowattstunde Eine Kilowattstunde (kWh) zeigt an, wie viel Kilowatt also wie viel elektrische Leistung pro Stunde verbraucht wird. Beispiel: Fön mit einer Leistung von 1000 W (1 kW) wird eine Stunde lang benutzt, der Verbrauch liegt somit bei 1 kWh. Eine kWh kostet derzeit (Stand Januar 2021) 31,89 Cent.

Knallgas im engl. Sprachraum auch Oxyhydrogen oder HHO; explosives Mischgas aus Wasserstoff und Sauerstoff; beim Kontakt mit offenem Feuer → sog. Knallgasreaktion

Kohlendioxid auch Kohlenstoffdioxid, chem. Verb. unbrennbares, saures, farbloses Gas; entsteht vor allem durch Verbrennung fossiler Energieträger

Kohlenmonoxid chem. Verbindung aus Kohlenstoff und Sauerstoff; farb-, geruch- und geschmackloses sowie toxisches Gas; entsteht unter anderem bei der unvollständigen Verbrennung von kohlenstoffhaltigen Stoffen bei unzureichender Sauerstoffzufuhr

Kohlenstoff chem. Element, auch Carbon genannt; gediegene (reine) Form: schwarz (Graphit), farblos (Diamant), gelbbraun (Lonsdaleit), dunkelgrau (Chaoit); chem. gebunden: Carbiden, Carbonaten, Kohlenstoffdioxid, Erdöl, Erdgas

Kohlenwasserstoff organische Chemie; Verb. aus Kohlenstoff und Wasser (Alkane [z. B. Methan], Alkene, Alkine und Aromaten)

Kraft-Wärme-Kopplung Erzeugung von Strom und Wärme durch Verkoppelung (Nutzung der Abwärme mittels eines gekoppelten Heizsystems)

L

Library of Congress »Die Library of Congress (LoC, deutsch Kongressbibliothek) ist die öffentlich zugängliche Forschungsbibliothek des Kongresses der Vereinigten Staaten. Sie befindet sich, auf mehrere Gebäude verteilt, in Washington, D. C. Die LoC ist beim Medienbestand (> 164 Millionen) die zweitgrößte – die größte ist die British Library, London (170 Millionen Medieneinheiten) –, beim Bücherbestand (38,8 Millionen) die größte Bibliothek der Welt und insgesamt eine der bedeutendsten. Die LoC arbeitet eng mit dem Congressional Research Service (auch Congress's think tank) zusammen. Die Librarians of Congress (Bibliotheksleiter) werden vom Präsidenten ernannt und durch ein Votum des Senats bestätigt.« [53], [vgl. 54]

Liquefied Natural Gas »Verflüssigtes Erdgas, das als Kraftstoff z. B. im Schiffs- und Schwerlastverkehr zum Einsatz kommen kann.« [46, S. 64]

Lithium chem. Element in Gestein gebunden silbrig weiß/grau

Ludwig-Bölkow-Systemtechnik GmbH Die Ludwig-Bölkow-Systemtechnik GmbH ist ein Beratungsunternehmen für Fragen der nachhaltigen Energie und Mobilität und hat ihren Sitz in Ottobrunn (Bayern). Sie erstellt auch System- und Technologiestudien.

Luft/Luft-Wärmepumpe Wärme aus verbrauchter Raumluft in Plattenwärmetauscher, angesaugte Außenluft strömt darüber, Nachlauferhitzer; Kombination mit Erdwärmetauscher und Luftbrunnen möglich

M

Mangan chem. Element, silbrig metallisch (stahlweiß), vorkommend als Braunstein, Legierungsmittel für Stahl (Sauerstoff- und Schwefelgehalt $\downarrow$)

Mercosur-Organisation Am 26. März 1991 konstituierte sich die Organisation Mercosur durch den Vertrag von Asunción (Paraguay) zur Schaffung eines gemeinsamen Binnenmarktes für Südamerika. Die Wirtschaftskraft der Mercosur-Mitgliedsstaaten (Argentinien, Brasilien, Paraguay und Uruguay) beträgt ungefähr eine Billion US-Dollar. Das sind ungefähr 75 % des gesamten BIB von Lateinamerika. Im Jahr 2019 beträgt das Gesamthandelsvolumen (Import und Export) im Warenhandel 478,51 Mrd. US\$, davon 272,58 Mrd. US\$ Exporte und 205,93 Mrd. US\$ Importe. Im Jahr 2018 beträgt das Gesamthandelsvolumen (Import und Export) im Dienstleistungshandel 150,84 Mrd. US\$. Zum Stichtag 31. Dezember 2019 lebten im Mercosur-Raum 266,4 Mio. Einwohner.

Metapher Mittels der Metapher wird etwas im übertragenen Sinne beschrieben. Es wird also in sprachlicher Hinsicht eine Bedeutungsübertragung vollzogen, das heißt, es werden zwei Bereiche miteinander verbunden (gleichgesetzt), die im normalen Sprachgebrauch nichts gemein haben. Metaphern können nicht nur aus einem, sondern auch aus mehreren Wörtern bestehen. Beispiele: die Nadel im Heuhaufen suchen (Wahrscheinlichkeit etwas Gesuchtes zu finden), ein Tropfen auf den heißen Stein (etwas, was nicht von Dauer ist), das Herz brechen (Anm.: Herz steht oftmals für Liebe – dem unglücklich in einer Beziehung Verlassenen wird das Herz gebrochen), nicht das Wasser reichen können (jemand kommt nicht an die Fähigkeiten oder Leistungen eines anderen heran). Die adjektivische Entsprechung zu Metapher lautet metaphorisch (Beispiel: Wüstenschiff für Kamel). Allgemein beschrieben bedeutet metaphorisch a) die Metapher betreffend und b) bildlich, übertragen [gebraucht].

Mol Das Mol (Einheitenzeichen: mol), abgeleitet von Molekül, ist die SI-Basiseinheit der Stoffmenge. Das Mol ist für Mengenangaben bei chemischen Reaktionen wichtig. Definiert ist das Mol in Anlehnung an die Anzahl der Atome, die in 12 Gramm des Kohlenstoff-Nuklids C-12 enthalten sind. Die Teilchenzahl pro Stoffmenge (Avogadro-Konstante) beträgt $N = 6{,}022\,140\,76 \cdot 10^{23}$. Ein Mol eines Stoffes enthält also zirka 602 Trilliarden Teilchen dieses Stoffes.

Molekül von lat. molecula $\rightarrow$ »kleine Masse«, Teilchen, bestehend aus zwei oder mehreren zusammenhängenden Atomen, verbunden durch kovalente Bindungen. Moleküle können aus einem einzigen Element aufgebaut sein – O_2, N_2, P_4, ... Meistens sind es jedoch Verbindungen aus Nichtmetallen mit einem (oder mehr) weiteren Nichtmetallen oder Halbmetallen. Einen etwas größeren Verbund von gleichartigen Atomen nennt man Cluster.

Moratorium Aufschiebung einer Handlung, zeitliche Unterlassung einer Handlung

Mythologisierung Mythenbildung, Geheimniskrämerei

N

narrativ erzählend, erzählerisch zum Beispiel bei einem Interview (narratives Interview)

Narzissmus Narzissmus (Narzisstin/Narzisst, narzisstisch) ist gleichbedeutend mit großspurig, selbstverliebt, berechnend. In pathologischer Hinsicht unterscheiden Psychiater den grandiosen und den vulnerablen Narzissmus. Der grandiose Narzissmus tritt mehrheitlich bei Männern auf, der vulnerable mehrheitlich bei Frauen. Beiden Gruppen gemeinsam ist die soziale Unverträglichkeit, die Selbstbezogenheit und die hohe Anspruchshaltung. Narzissten sind unfähig, die Bedürfnisse anderer anzuerkennen. Sie nutzen ihre Mitmenschen schamlos aus. Sie werten fremde Leistungen und Erfolge ab, weil sie andere kleinmachen, um sich selbst groß zu fühlen. Zirka 12,5 % aller Menschen in Deutschland sind pathologische Narzissten.

Neutron Das Neutron ist ein elektrisch neutrales Baryon. Es ist neben dem Proton Bestandteil fast aller Atomkerne.

Nickel chem. Element, glänzend, metallisch, silbrig

O

Ohm Ohm (Stromeinheit), benannt nach Georg Simon Ohm – deutscher Physiker, 16. 3. 1789 – 6. 7. 1854, eine Einheit für elektrischen Widerstand. Ohm hat die Grundlagen für das nach ihm benannte Ohmsche Gesetz gelegt. Wie Wasser in breiten Flussläufen dahinfließen kann, aber auch Steine seinen Fluss bremsen können, genauso verhält es sich mit dem Stromfluss. Kupfer zum Beispiel leitet Strom sehr gut, Eisen eher weniger. Der elektrische Widerstand hat einen Einfluss auf die Stromspannung und die Stromstärke, und damit auch auf die Stromleistung. Dies hat Ohm erkannt und wie folgt beschrieben: $U = R{\cdot}I$, wobei U die Abkürzung für die Spannung in Volt, R die Abkürzung für den Widerstand in Ohm und I die Abkürzung für die Stromstärke, gemessen in Ampere, ist.

Oxide Sauerstoffverbindungen eines Elements; gasförmige, flüssige oder feste Verbindung chemischer Grundstoffe mit Sauerstoff

P

paradigmatisch auf eine Theorie, auf eine Denkrichtung bezogen (Beispiel: sprachliche Einheiten im Satz in paradigmatischer Beziehung [*beliebig austauschbar:* Ich kaufe das *Haus/Auto/Werkstück.*])

Parametrierung Der Begriff Parametrierung wird gebraucht wie der Begriff Konfiguration, das heißt, die Parameter werden mit Werten versehen, die Parameter werden angepasst, die Werte der verschiedenen Parameter werden verändert.

peer culture Kinder und Jugendliche orientieren sich aneinander lernen von einander auch ppc (positive peer culture)

Peer-to-Peer-Netze Peer-to-Peer-Netze (P2P) sind Rechnernetze, bei denen alle Rechner im Netz gleichberechtigt zusammenarbeiten. Das bedeutet, dass jeder Computer oder Server anderen Rechnern Funktionen und Dienstleistungen anbieten und andererseits von anderen Rechnern angebotene Funktionen, Ressourcen, Dienstleistungen und Dateien nutzen kann. Die Daten sind auf viele Rechner verteilt. [vgl. 44, S. 23 ff.]

Perowskit relativ häufiges Mineral aus der Mineralklasse der Oxide und Hydroxide; schwarz, zum Teil rotbraun bis gelb

perpetuieren dauerhaft machen (Perpetuum mobile –> sich ständig Bewegendes, ohne Energiezufuhr von außen)

Plasma durch Energiezuführung ionisiertes Gas aus freien, negativ geladenen Elektronen und positiven Ionen

Polymer chem. Stoff, der aus Makromolekülen besteht; polymer: mehr-, vielteilig; mehr-, vielgliedrig

Polymer-Elektrolyt-Membran-Brennstoffzelle »Eine Elektrode für PEMBZ besteht aus einer elektrisch leitfähigen Gasdiffusionslage (GDL), die mit katalytisch aktivem Material beschichtet ist. Eine gastechnisch und elektrisch isolierende sowie protonenleitende Membran wird zwischen zwei Elektroden (Anode und Kathode) eingefasst – sie formen eine Membran-Elektroden-Einheit (MEA). Alle Schichten einer Elektrode müssen gasdurchlässig und elektrisch leitfähig sein. Darüber hinaus ist zu gewährleisten, dass entstehendes Kondenswasser aus dem Reaktionsraum der Elektrode transportiert wird, um ein Verstopfen der Gaskanäle zu verhindern, ohne die MEA auszutrocknen.« [34] Der schematische

Aufbau und die Funktionsweise einer PEM-Brennstoffzelle sind in Abbildung 5.3 auf Seite 83 dargestellt.

Porosität dimensionslose Messgröße, Verhältnis von Hohlraumvolumen zu Gesamtvolumen eines Stoffes oder Stoffgemisches

Portfolio Man versteht unter dem Begriff Portfolio eine Zusammenstellung (Sammelmappe) mit Dingen, die in einem artverwandten Zusammenhang stehen. So gibt es ein Künstlerportfolio, ein Markenportfolio, ein Kindergartenportfolio, ein Bewerbungsportfolio, ... Inhalt eines Portfolios können materielle Güter (Wertpapiere, Waren, Commodities, ...) oder immaterielle Güter (Forderungen und Rechte) sein.

Portfoliomanagement »Systematische und am Unternehmensziel orientierte Planung, Steuerung und Kontrolle eines strategischen Geschäftsfelds.« [46, S. 64]

Postulat Diskussionsgrundsatz (kann aus gegebenen Definitionen *nicht* abgeleitet werden)

Power-to-Gas »Innovative Technologie, bei der unter Einsatz elektrischen Stroms durch Wasserelektrolyse und gegebenenfalls nachgeschalteter Methanisierung Gas hergestellt wird.« [46, S. 64]

Primärenergie Gesamte Energiemenge, die in einem Energieträger (z. B. Erdgas) zur Verfügung steht ohne Umwandlungs- und Transportverluste, Maß für die Bewertung von Energieressourcen [40, S. 15]

Prosumer Als Prosumer wird eine Person bezeichnet, die zugleich Verbraucher (englisch: consumer) und Produzent (englisch: producer) desselben Produktes ist. Ein typisches Beispiel im Energiebereich ist ein Stromverbraucher, der mit einer Photovoltaikanlage Strom selbst erzeugt. [39, S. 7]

Protonen Das Proton ist ein stabiles, elektrisch positiv geladenes Hadron im Kern eines Atoms. Das Proton gehört neben dem Neutron und dem Elektron zu den Bausteinen der Atome, aus denen alle alltägliche Materie zusammengesetzt ist.

PtL Power-to-Liquid; aus Strom, Wasser, Kohlendioxid → Kraftstoff (1. Wasser in Wasserstoff und Sauerstoff, 2. Wasserstoff + Kohlendioxid [aus Luft oder Industrieprozessen] zu Kraftstoff synth.)

Pyrolyse »bezeichnet einen thermo-chemischen Umwandlungsprozess, bei dem unter hohen Temperaturen Methan in (türkisen) Wasserstoff und festen Kohlenstoff aufgespalten wird.« [46, S. 64]

Q

Quantil Lagemaß in der Statistik (Schwellenwert) a $\leq$, Rest $\geq$

Quartierslösung Die »Quartierslösung« umfasst vielfältige Dienstleistungen rund um zusammengehörende Gebäudekomplexe (Quartiere). Es muss sich insoweit nicht ausschließlich um Wohnanlagen handeln, sondern auch um Mischgebiete aus Wohnen, Dienstleistung und Gewerbe. Moderne Quartiere müssen folgende Anforderungen erfüllen: geringer Wärmebedarf, Nutzung erneuerbarer Energien, Digitalisierung, Vernetzung, Infrastruktur für Elektromobilität, günstige Energiepreise, Eigenproduktion von Strom, ... Um dies alles gesamtheitlich realisieren zu können, bedarf es der Sektorkoppelung, unter der man die gemeinsame Betrachtung, Vernetzung und Optimierung der drei Sektoren der Energiewirtschaft – Elektrizität, Wärmeversorgung und Verkehr – versteht. Die Komponenten und deren Vernetzung, wie sie für die Realisierung einer Quartierslösung benötigt werden, sind in Abbildung 5.7 auf Seite 86 dargestellt, weitere Informationen gibt es in [61] und [38].

R

Range Extender Als Reichweitenverlängerer (engl. Range Extender) werden zusätzliche Aggregate in einem Elektrofahrzeug bezeichnet, welche die Reichweite des Fahrzeugs erhöhen. Die am häufigsten eingesetzten Range Extender sind Verbrennungsmotoren, die einen Generator antreiben, der wiederum Akkumulator (Akku) und Elektromotor mit Strom versorgt.

Rebound-Effekt Bezeichnet den Effekt, dass das Einsparpotenzial von Effizienzsteigerungen nicht oder nur teilweise verwirklicht wird. Durch einen geringeren Verbrauch und weniger Ausgaben kann der Verbraucher an anderer Stelle mehr ausgeben. [40, S. 15]

Redoxreaktion chem. Reaktion mit Elektronenübertragung; Reduktionsmittel Elektronen > (oxidiert), Oxidationsmittel Elektronen + (reduziert)

Bsp.: Verbrennen, auch Treibstoffe, Sauerstoff in der Luft als Oxidationsmittel und Holz als Reduktionsmittel

redundant Das Adjektiv redundant bedeutet soviel wie mehrfach vorhanden, wiederholt, überzählig oder überreichlich. Oft sind Prozesse nicht effizient, wenn Arbeiten doppelt ausgeführt werden. In der Informationstechnologie werden jedoch der Datensicherheit wegen Datensätze oft mehrfach gespeichert. Man spricht dann von redundanten Prozessen. Die substantivische Entsprechung von redundant ist die Redundanz, Plural: Redundanzen. Sprachtheoretisch versteht man darunter die mehrfache Nennung von Informationen, die im Gesamtkontext für dessen Verständnis nicht notwendig sind oder sogar stören. Redundanz ist ein wichtiges Mittel der Rhetorik, weil sie Inhalte wiederholt, die von den einzelnen Zuhörern nicht sofort aufgenommen werden können. Man spricht insoweit von einer förderlichen Redundanz.

Reifikation auch Reifizierung, Betrachten einer Vorstellung, als wenn diese real wäre

rekontextualisieren einbetten in einen neuen Bedeutungskontext

relational in einer Beziehung oder Verbindung stehen (relationale Datenbank)

Residuallast Die Residuallast ist der Anteil am gesamtdeutschen Stromverbrauch, der unabhängig von den volatilen Energieträgern Wind und Sonne ist. Es handelt sich also um den Restbedarf an Strom, der mehrheitlich aus konventionellen Quellen gedeckt wird [N (Nachfrage) − FEE (fluktuierende Erneuerbare Energien) = R (Residuallast)].

Resilienz Widerstandsfähigkeit (wörtlich), Toleranz eines Systems gegenüber Störungen

reziprok aufeinander bezüglich, wechselseitig

Reziprozität Gegenseitigkeit im sozialen Austausch

Roadmap Strategie, Projektplan

rural ländlich, bäuerlich

S

Sektorenkopplung Unter Sektorenkopplung wird die Vernetzung der Sektoren der Energiewirtschaft (Strom, Wärme, Verkehr; nicht-energetischen

Verbrauch fossiler Rohstoffe, insbesondere in der Chemie sowie der Industrie) verstanden, die gekoppelt, also in einem gemeinsamen holistischen (ganzheitlich, das Ganze betreffend) Ansatz, optimiert werden sollen. Ziel der Sektorenkopplung ist die Schaffung eines integrierten Energiesystems, um Haushalt, Gewerbe und Industrie mit den benötigten Energiedienstleistungen zu versorgen. Elemente der Sektorenkopplung wie Kraft-Wärme-Kopplung, Power-to-Gas, Wärmepumpen und Heizstab (Power-to-Heat) sowie Elektromobilität können dazu beitragen, alle Verbrauchsbereiche auf erneuerbare Energien umzustellen, Fluktuationen in den Stromnetzen auszugleichen und durch Energiespeicherung und -transport Versorgungssicherheit zu jedem Zeitpunkt an jedem Ort möglichst kostengünstig zu gewährleisten. [vgl. 39, S. 7]

Seltenerdmetalle 17 (Scandium, Yttrium, Lanthan und 14 sogenannte Lanthanoide) – insgesamt 95 Metalle; Promethium → das wohl seltenste (Gesamtvorkommen: zirka 572 g) – siehe auch Abbildung 5.6 auf Seite 85

Sequenzierung Allgemein bedeutet Sequenzierung, dass die Reihenfolge (Sequenz) bestimmter Bausteine aufgeklärt wird. Man unterscheidet die genetische und die proteinbiochemische Sequenzierung.

seriell in Serie zeitlich aufeinander folgend

Silicium auch Silizium, chem. Element; nach Sauerstoff das zweithäufigste Element; in elementarer Form dunkelgrau; metallischer, oftmals bronzener bis bläulicher Glanz

Sommer-Winter-Spread »Saisonaler Unterschied zwischen Sommer- und Winterpreisen für Erdgas.« [46, S. 64]

Soziologie (lat.: socius) empirische (auf Zahlen beruhende) und theoretische Sozialforschung

Spot- und Terminmärkte »Der Spotmarkt ist der Markt der internationalen Warenbörsen, an dem Geschäfte gegen sofortige Bezahlung und alsbaldige Lieferung getätigt werden. Auf einem Terminmarkt werden Terminkontrakte gehandelt, die erst in der Zukunft erfüllt werden.« [46, S. 64]

Suffizienz lat. sufficere, dt. ausreichen, genügen; Material und Energie sparen

Synthese 1. Vorgang Elemente → Verbindung, 2. Vorgang einfache Verbindungen → komplizierter zusammengesetzter neuer Stoff; Bsp.: Haber-

Bosch-Verfahren zur Synthese von Ammoniak (Stickstoff und Wasserstoff)

Synthetisches Methan »Synthetisches Methan wird im Power-to-Gas-Verfahren hergestellt. Nachdem per Elektrolyse zunächst Wasserstoff gewonnen wurde, wird dieser unter Zugabe von Kohlendioxid durch Methanisierung zu synthetischem Methan umgewandelt.« [46, S. 64]

T

tradieren überliefern, weitergeben, mündlich »fortpflanzen«

Trickle-Down-Effekt Die *Trickle-Down*-Theorie (engl. trickle → sickern; auch engl. Horse and Sparrow Economics → Pferd-und-Spatz-Ökonomie; im deutschen Sprachraum Pferdeäpfel-Theorie) ist ein Bestandteil der angebotsorientierten Wirtschaftspolitik. »Die Ungleichheit zwischen Arm und Reich hat seit 1980 weltweit zugenommen. Das reichste Prozent der Weltbevölkerung konnte in dieser Zeit mehr als ein Viertel des Vermögenszuwachses auf der Welt für sich sichern. Das reichste 0,1 % hat sein Vermögen in diesen fast vierzig Jahren um dieselbe Summe gesteigert wie die unteren fünfzig Prozent.« [48, S. 166] Die Anhänger des *Trickle-Down*-Effekts vertreten die These, dass der Einkommenszuwachs, den die Reichen in einer Gesellschaft erzielen, Zug um Zug auch zu den Mittelschichten und den Ärmeren in der Gesellschaft durchsickert. So werden die Einkommenszuwächse der Reichen auch als Voraussetzung für die Einkommenszuwächse beim Rest der Bevölkerung angesehen. Empirische Befunde zeigen jedoch, dass das gesamtwirtschaftliche Wachstum leidet, wenn das Einkommen einer Nation in den Händen Weniger konzentriert ist, so auch der Internationale Währungsfonds [vgl. 47, S. 4, 6 f.], der dies weiter konkretisiert. Der World Inequality Report 2018 (deutsche Fassung) vom World Inequality Lab kommt zu den gleichen Ergebnissen [vgl. 49, S. 300, 304 f.]. In den USA ist die Ungleichheit in den Einkommen signifikant. Das Maß der Einkommensunterschiede hat dort in den Jahren 1976 – 2011 (35 Jahre) zugenommen. Das inflationsbereinigte reale Einkommen stieg in dieser Zeit um 116 % und hat sich somit seit 1945 etwa verdoppelt. Im gleichen Zeitraum stieg das Realeinkommen der Top-0,1 %-Einkommensbezieher (alle bis auf die obersten 0,01 %) um 395 %

und für die Top-0,01 %-Einkommensbezieher um 692 %. Der Anteil des Einkommens am Gesamteinkommen der Top-1 %-Einkommensbezieher stieg von 12,5 % im Jahr 1945 auf 19,8 % im Jahr 2010. Davon entfielen 75 % auf die Top-0,1 %-Einkommensbezieher also 14,85 % im Jahr 2010. Die wesentlichen Änderungen in der Einkommensverteilung sind also auf die Zuwächse bei den Top-0,1 %-Einkommensbezieher zurückzuführen. So gibt es Studien darüber, dass eine eklatante Einkommensungleichheit soziale Spannungen verursachen sowie die Gesundheit und den Zusammenhalt in der Bürgerschaft gefährden kann. [vgl. 50, S. 10 f.]

Türkiser Wasserstoff »Durch Methanpyrolyse aus Erdgas gewonnener Wasserstoff. Bei der Herstellung entsteht statt CO_2 fester Kohlenstoff, der je nach Qualität in verschiedenen Industrien zum Einsatz kommen kann.« [46, S. 64]

V

Virulenz schädliche Aktivität, Gefährlichkeit krankmachender Keime

volatil flüchtig, verdunstend

Volatilität Flüchtigkeit bzw. die Neigung zur Verflüchtigung von Stoffen in Gasen

Volt Volt (benannt nach dem italienischen Physiker Alessandro Volta – 18. 2. 1745 – 5. 3. 1827) ist eine Maßeinheit für elektrische Spannung. Strom fließt durch einen Leiter als gerichteter Elektronenfluss, ähnlich wie Wasser, das zum Beispiel in einem Flussbett fließt. Beides kann langsam oder auch schnell fließen. Es kommt auf den Druck oder besser die Kraft an, die dahintersteht. Volt ist nun die Einheit für die Kraft, mit welcher der Elektronenfluss (Strom) angetrieben wird. Die Spannung (Volt) lässt sich wie folgt berechnen: Stromeinheit Volt $= \frac{\text{Watt}}{\text{Ampere}}$. Das Einheitenzeichen für Volt ist V.

Voluntarismus von lat. voluntas – Wille, Lehre von der Bedeutung des Willens

voluntaristisch willentliches Handeln

Vulnerabilität Vulnerabilität (lat.: vulnus [Wunde], vulnerare [verwunden]) bedeutet Verwundbarkeit, Verletzbarkeit. Er wird in verschiedenen

Fachrichtungen der Wissenschaft gebraucht – Soziologie, Theologie, Psychologie, Medizin, Informatik, Ökologie, ...

W

Wasserelektrolyse Zerlegung von Wasser in Wasserstoff und Sauerstoff mithilfe elektrischen Stroms; Elektrolyt → Zusatz Säure (Schwefelsäure) oder Lauge (Kalilauge – KOH[1]), auch neutrale Salze (Natriumsulfat, ...) als Zusätze geeignet

Watt Watt (Stromeinheit), benannt nach James Watt – schottischer Wissenschaftler und Ingenieur, 19. 1. 1736 – 25. 8. 1819 –, eine Einheit für die elektrische Leistung. Sie ergibt sich zusammen aus Volt und Ampere. Oft wird die Wattzahl bei elektronischen Haushaltsgeräten in Kilowatt angegeben. Ein Kilowatt entspricht 1000 Watt. Die Stromleistung (Watt) lässt sich wie folgt berechnen: Stromeinheit Watt = Volt · Ampere. Das Einheitenzeichen für Watt ist W, für Kilowatt kW.

World Inequality Lab Das World Inequality Lab ist ein Netzwerk von Forscherinnen und Forschern, die sich mit der Untersuchung der Einkommens- und Vermögensverteilung weltweit sowie innerhalb und zwischen Ländern befassen. Es betreut die World Inequality Database, die vollständigste frei zugängliche Datenbank zur globalen Ungleichheitsdynamik. Zu den Hauptaufgaben des World Inequality Lab gehören die Erweiterung und Pflege der World Inequality Database, die Veröffentlichung von Arbeitspapieren, Berichten und methodischen Handbüchern sowie deren Verbreitung in Akademikerkreisen und in öffentlichen Debatten [vgl. 52].

---

[1]KOH ist die chemische Formel für Kaliumhydroxid (auch Ätzkali). In Abbildung 4.1 auf Seite 45 ist die Wasserelektrolyse dargestellt.

5 Anhang

5.1 Weitere Literaturhinweise

Auf folgende Literaturquellen sei außerdem verwiesen:

- BUNDESMINISTERIUM FÜR BILDUNG UND FORSCHUNG [15]

- BUNDESMINISTERIUM FÜR BILDUNG UND FORSCHUNG [16]

- BUNDESMINISTERIUM FÜR WIRTSCHAFT UND ENERGIE [17]

- BUNDESMINISTERIUM FÜR WIRTSCHAFT UND ENERGIE [18]

- BUNDESMINISTERIUM FÜR UMWELT, NATURSCHUTZ UND NUKLEARE SICHERHEIT [19]

- LECHTENBÖHMER u. a. [20]

- KRIEGEL [21]

- KAUFMANN [22]

- AGENTUR FÜR ERNEUERBARE ENERGIEN E. V. [23]

- MAIER [24]

- NITSCH [25]

- NOW GMBH [26]

- EUROPÄISCHE KOMMISSION [27]

- SHELL DEUTSCHLAND OIL GMBH [28]

- EHRET [29]

- FORSCHUNGSVERBUND ERNEUERBARE ENERGIEN E. V. [30]

- BAYERISCHE ZENTRUM FÜR ANGEWANDTE ENERGIEFORSCHUNG E. V. [31]

- E-MOBIL BW GMBH [32]

- VNG GASSPEICHER GMBH [33]

- ROST, BRODMANN und SAGEWKA [34]

- RICHARD HANKE-RAUSCHENBACH [35]

- VOLKER QUASCHNING [36]

- CLAUS [37]

- AKTIVPLUS E. V. [38]

- ACATECH, LEOPOLDINA, AKADEMIENUNION [39]

- AKTIVPLUS E. V. [40]

- ANONDI GMBH [41]

- GENTEMANN [42]

- KUNDE u. a. [43]

- MADEL [44]

- THIEL und THIEL [45]

- VNG AG [46]

- DABLA-NORRIS u. a. [47]

- GÖPEL [48]

- ALVAREDO u. a. [49]

- THOMAS L. HUNGERFORD [50]

- CONGRESSIONAL RESEARCH SERVICE [51]

- WORLD INEQUALITY LAB [52]

- WIKIMEDIA FOUNDATION INC. [53]

- LIBRARY OF CONGRESS [54]

- SCHÄFFER [6]

- 1&1 IONOS SE [55]

- BURCHARDT u. a. [56]

- BURCHARDT u. a. [57]

- BUNDESVERBAND DER DEUTSCHEN INDUSTRIE E. V. (BDI) [58]

5.2 (Pilot-)Projekt-Partner von CertifHY in der Wasserstofferzeugung

Green and Low Carbon Hydrogen Guarantees of Origin (CertifHy) hat mit den Firmen

- Air Liquide S. A.[1], Paris: Wasserstofferzeugung aus Erdgas mittels Dampfreformierung,

- Akzo Nobel N. V.[2], Amsterdam: Wasserstoff als Nebenprodukt in der Chlor-Alkali-Elektrolyse,

- Colruyt Group (Aktiengesellschaft; Halle – Belgien): Vor-Ort-Erzeugung von Wasserstoff aus erneuerbarem Strom für ihre Fahrzeugflotte und

---

[1]S. A. bedeutet Société Anonyme (deutsch: Aktiengesellschaft), englisch: Ltd. (Limited), spanisch: Sociedad Anónima

[2]N. V. (Naamloze Vennootschap) deutsch [wörtlich]: namenlose Partnerschaft; Aktiengesellschaft

- Uniper SE[3], Düsseldorf: Wasserstoff durch Elektrolyse aus Windstrom

leistungsstarke (Pilot-)Projekt-Partner gefunden. Deren Anlagen und die dort erneuerbar oder CO_2-arm erzeugten Wasserstoffmengen werden, sofern sie den Kriterien von CertifHy entsprechen, vom TÜV Süd überprüft und zertifiziert.

5.3 Sonstige Abbildungen

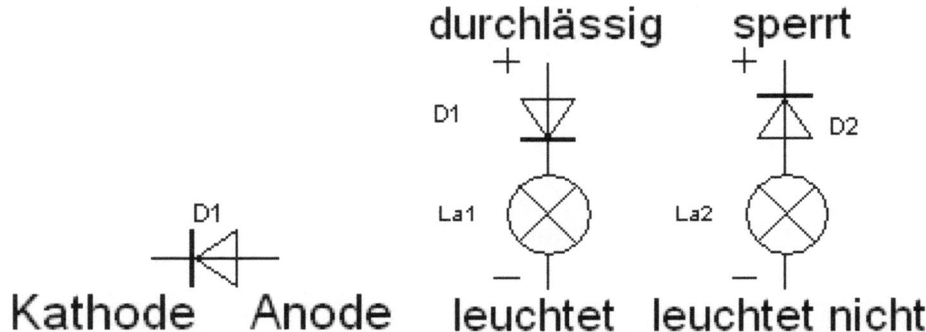

Abb. 5.1: Diode: Schaltzeichen; in Durchlassrichtung geschaltet, in Sperrrichtung geschaltet – [59]

---

[3]Die SE → Europäische Gesellschaft, international auch lateinisch Societas Europaea (SE), ist eine Rechtsform für Aktiengesellschaften in der Europäischen Union und im Europäischen Wirtschaftsraum. Mit ihr ermöglicht die EU seit dem Jahresende 2004 die Gründung von Gesellschaften nach weitgehend einheitlichen Rechtsprinzipien.

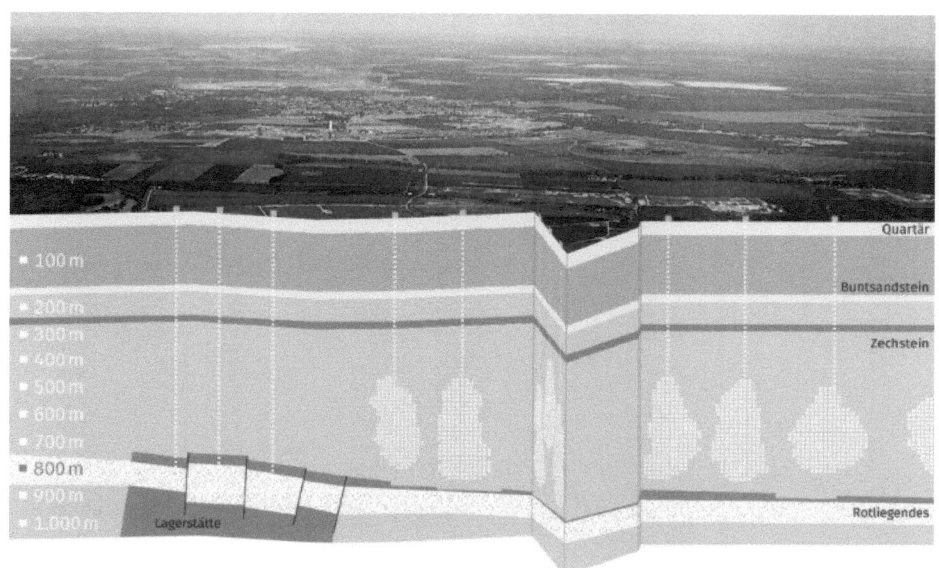

Abb. 5.2: Energiepark Bad Lauchstädt mit seinen Kavernenspeichern – [33]
Bildrechte: VNG Gasspeicher GmbH

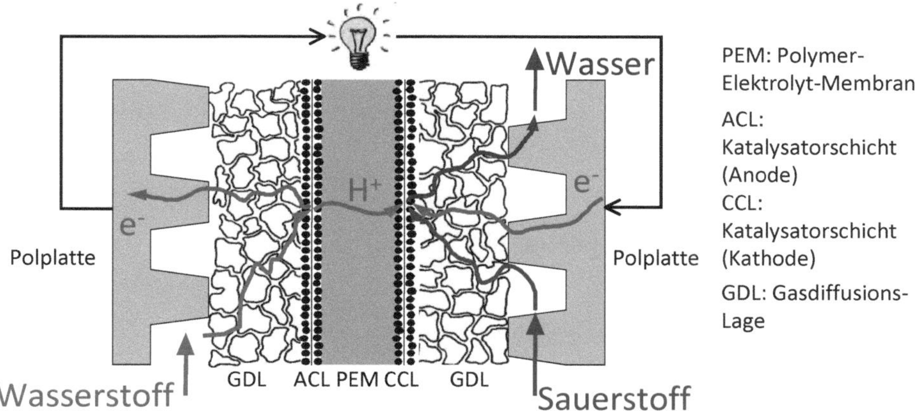

Abb. 5.3: Schematischer Aufbau und Funktionsweise einer PEM-Brennstoffzelle –
[34]

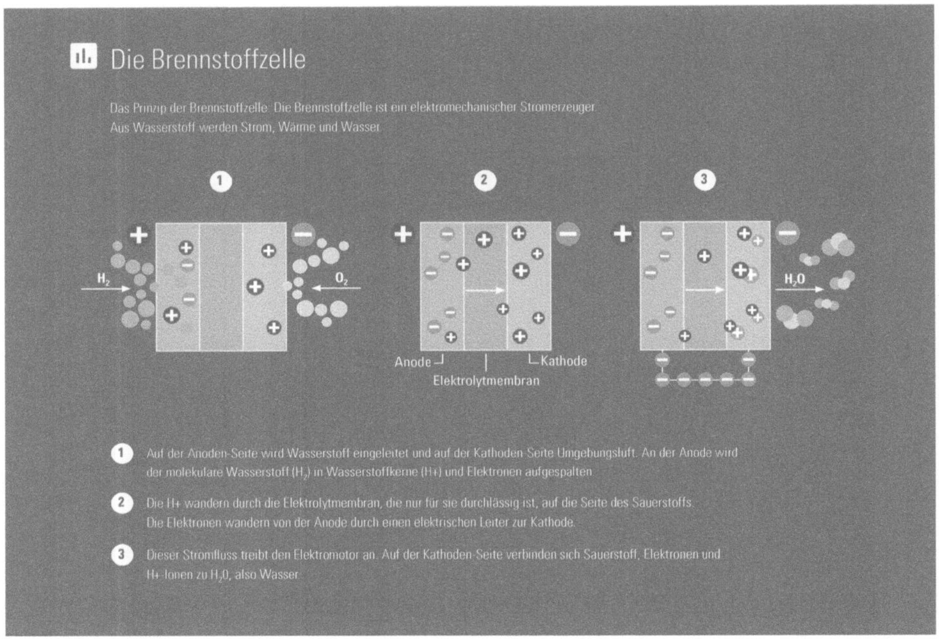

Abb. 5.4: Funktionsprinzipien einer im FCEV verbauten PEM-Brennstoffzelle – [29, S. 10]

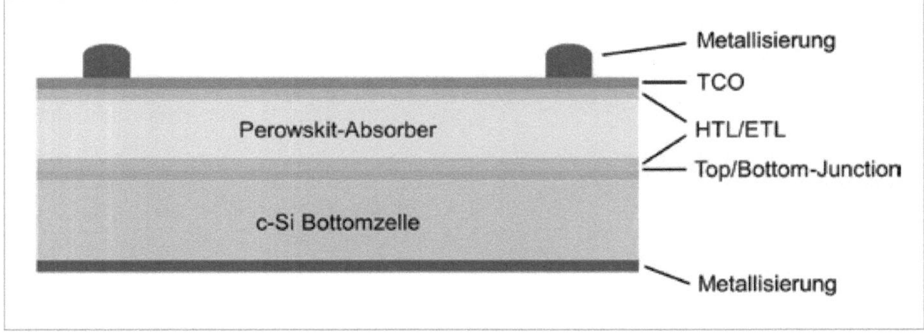

Abb. 5.5: Monolithische Tandemsolarzelle – [60]

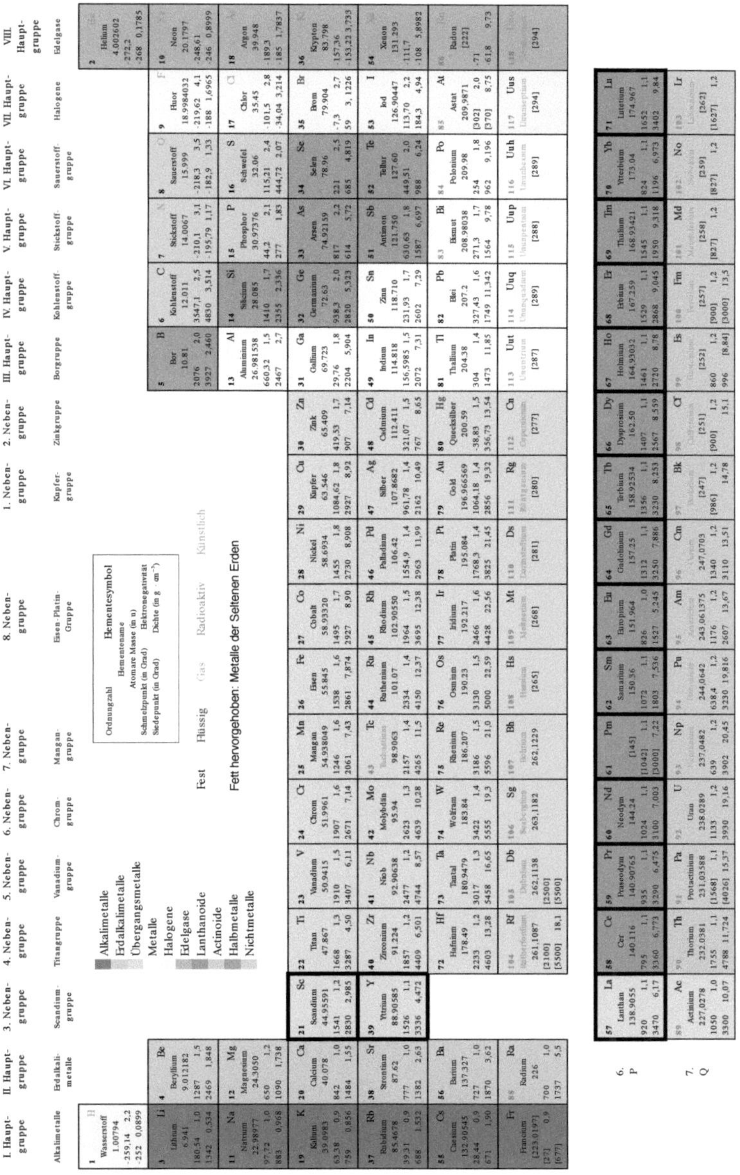

Legende / Aufbau einer Elementzelle:

Ordnungszahl	Elementesymbol
	Elementename
	Atomare Masse (in u)
Schmelzpunkt (in Grad)	Elektronegativität
Siedepunkt (in Grad)	Dichte (in g · cm^{-3})

Fest | Flüssig | Gas | Radioaktiv | Künstlich

Farbschema: Alkalimetalle · Erdalkalimetalle · Übergangsmetalle · Metalle · Halogene · Edelgase · Lanthanoide · Actinoide · Halbmetalle · Nichtmetalle

Fett hervorgehoben: Metalle der Seltenen Erden

Gruppen (Spalten): I. Hauptgruppe (Alkalimetalle), II. Hauptgruppe (Erdalkalimetalle), 3. Nebengruppe (Scandiumgruppe), 4. Nebengruppe (Titangruppe), 5. Nebengruppe (Vanadiumgruppe), 6. Nebengruppe (Chromgruppe), 7. Nebengruppe (Mangangruppe), 8. Nebengruppe (Eisen-Platin-Gruppe), 1. Nebengruppe (Kupfergruppe), 2. Nebengruppe (Zinkgruppe), III. Hauptgruppe (Borgruppe), IV. Hauptgruppe (Kohlenstoffgruppe), V. Hauptgruppe (Stickstoffgruppe), VI. Hauptgruppe (Sauerstoffgruppe), VII. Hauptgruppe (Halogene), VIII. Hauptgruppe (Edelgase)

Perioden (Zeilen): 1. K, 2. L, 3. M, 4. N, 5. O, 6. P, 7. Q

Z	Symbol	Name	Atomare Masse	Schmelzpunkt	Elektronegativität	Siedepunkt	Dichte
1	H	Wasserstoff	1.00794	-259,14	2,2	-252	0,0899
2	He	Helium	4.002602	-272,2		-268	0,1785
3	Li	Lithium	6.941	180,54	1,0	1342	0,534
4	Be	Beryllium	9.012182	1287	1,5	2469	1,848
5	B	Bor	10.81	2076	2,0	3927	2,460
6	C	Kohlenstoff	12.011	3547,1	2,5	4830	3,514
7	N	Stickstoff	14.0067	-210,1	3,1	-195,79	1,17
8	O	Sauerstoff	15.999	-218,3	3,5	-182,9	1,33
9	F	Fluor	18.9984032	-219,62	4,1	-188	1,6965
10	Ne	Neon	20.1797	-248,61		-246	0,8999
11	Na	Natrium	22.98977	97,72	1,0	883	0,968
12	Mg	Magnesium	24.3050	650	1,2	1090	1,738
13	Al	Aluminium	26.981538	660,32	1,5	2467	2,7
14	Si	Silicium	28.085	1410	1,7	2355	2,336
15	P	Phosphor	30.97376	44,2	2,1	277	1,83
16	S	Schwefel	32.06	115,21	2,4	444,72	2,07
17	Cl	Chlor	35.45	-101,5	2,8	-34,04	3,214
18	Ar	Argon	39.948	-189,3		-185	1,7837
19	K	Kalium	39.0983	63,38	0,9	759	0,856
20	Ca	Calcium	40.078	842	1,0	1484	1,55
21	Sc	Scandium	44.95591	1541	1,2	2830	2,985
22	Ti	Titan	47.867	1668	1,3	3287	4,50
23	V	Vanadium	50.9415	1910	1,5	3407	6,11
24	Cr	Chrom	51.9961	1907	1,6	2671	7,14
25	Mn	Mangan	54.938049	1246	1,6	2061	7,43
26	Fe	Eisen	55.845	1538	1,6	2861	7,874
27	Co	Cobalt	58.93320	1495	1,7	2927	8,90
28	Ni	Nickel	58.6934	1455	1,8	2730	8,908
29	Cu	Kupfer	63.546	1084,62	1,8	2927	8,92
30	Zn	Zink	65.409	419,53	1,7	907	7,14
31	Ga	Gallium	69.723	29,76	1,8	2204	5,904
32	Ge	Germanium	72.63	938,3	2,0	2820	5,323
33	As	Arsen	74.92159	817	2,2	614	5,72
34	Se	Selen	78.96	221	2,5	685	4,819
35	Br	Brom	79.904	-7,3	2,7	59	3,1226
36	Kr	Krypton	83.798	-157,36		-153,22	3,733
37	Rb	Rubidium	85.4678	39,31	0,9	688	1,532
38	Sr	Strontium	87.62	777	1,0	1382	2,63
39	Y	Yttrium	88.90585	1526	1,1	3336	4,472
40	Zr	Zirconium	91.224	1857	1,2	4409	6,501
41	Nb	Niob	92.90638	2477	1,2	4744	8,57
42	Mo	Molybdän	95.94	2623	1,3	4639	10,28
43	Tc	Technetium	98.9063	2157	1,4	4265	11,5
44	Ru	Ruthenium	101.07	2334	1,4	4150	12,37
45	Rh	Rhodium	102.90550	1964	1,5	3695	12,38
46	Pd	Palladium	106.42	1554,9	1,4	2963	11,99
47	Ag	Silber	107.8682	961,78	1,4	2162	10,49
48	Cd	Cadmium	112.411	321,07	1,5	767	8,65
49	In	Indium	114.818	156,5985	1,5	2072	7,31
50	Sn	Zinn	118.710	231,93	1,7	2602	7,29
51	Sb	Antimon	121.750	630,63	1,8	1587	6,697
52	Te	Tellur	127.60	449,51	2,0	988	6,24
53	I	Iod	126.90447	113,70	2,2	184,3	4,94
54	Xe	Xenon	131.293	-111,7		-108	5,8982
55	Cs	Caesium	132.90545	28,44	0,9	671	1,90
56	Ba	Barium	137.327	727	1,0	1870	3,62
72	Hf	Hafnium	178.49	2233	1,3	4603	13,28
73	Ta	Tantal	180.9479	3017	1,3	5458	16,65
74	W	Wolfram	183.84	3422	1,4	5555	19,3
75	Re	Rhenium	186.207	3186	1,5	5596	21,0
76	Os	Osmium	190.23	3130	1,5	5000	22,59
77	Ir	Iridium	192.217	2466	1,6	4428	22,56
78	Pt	Platin	195.084	1768,3	1,4	3825	21,45
79	Au	Gold	196.966569	1064,18	1,4	2856	19,32
80	Hg	Quecksilber	200.59	-38,83	1,5	356,73	13,54
81	Tl	Thallium	204.38	304	1,4	1473	11,85
82	Pb	Blei	207.2	327,43	1,6	1749	11,342
83	Bi	Bismut	208.98038	271,3	1,7	1564	9,78
84	Po	Polonium	209.98	254	1,8	962	9,196
85	At	Astat	209.9871	[302]	2,0	[370]	8,75
86	Rn	Radon	[222]	-71		-61,8	9,73
87	Fr	Francium	[223.0197]	27	0,9	[677]	
88	Ra	Radium	226	700	1,0	1737	5,5
104	Rf	Rutherfordium	261,1087	[2100]		[5500]	18,1
105	Db	Dubnium	262,1138	[2500]		[5500]	
106	Sg	Seaborgium	263,1182				
107	Bh	Bohrium	262,1229				
108	Hs	Hassium	[265]				
109	Mt	Meitnerium	[268]				
110	Ds	Darmstadtium	[281]				
111	Rg	Röntgenium	[280]				
112	Cn	Copernicium	[277]				
113	Uut	Ununtrium	[287]				
114	Uuq	Ununquadium	[289]				
115	Uup	Ununpentium	[288]				
116	Uuh	Ununhexium	[289]				
117	Uus	Ununseptium	[294]				
118	Uuo	Ununoctium	[294]				

Lanthanoide (6. Periode, P):

Z	Symbol	Name	Atomare Masse	Schmelzpunkt	Elektronegativität	Siedepunkt	Dichte
57	La	Lanthan	138.9055	920	1,1	3470	6,17
58	Ce	Cer	140.116	795	1,1	3360	6,773
59	Pr	Praseodym	140.90765	935	1,1	3290	6,475
60	Nd	Neodym	144.24	1024	1,1	3100	7,003
61	Pm	Promethium	[145]	[1042]	1,1	[3000]	7,22
62	Sm	Samarium	150.36	1072	1,1	1803	7,536
63	Eu	Europium	151.964	826	1,0	1527	5,245
64	Gd	Gadolinium	157.25	1312	1,1	3250	7,886
65	Tb	Terbium	158.92534	1356	1,1	3230	8,253
66	Dy	Dysprosium	162.50	1407	1,1	2567	8,559
67	Ho	Holmium	164.93032	1461	1,1	2720	8,78
68	Er	Erbium	167.259	1529	1,1	2868	9,045
69	Tm	Thulium	168.93421	1545	1,1	1950	9,318
70	Yb	Ytterbium	173.04	824	1,1	1196	6,973
71	Lu	Lutetium	174.967	1652	1,1	3402	9,84

Actinoide (7. Periode, Q):

Z	Symbol	Name	Atomare Masse	Schmelzpunkt	Elektronegativität	Siedepunkt	Dichte
89	Ac	Actinium	227.0278	1050	1,0	3300	10,07
90	Th	Thorium	232.0381	1755	1,1	4788	11,724
91	Pa	Protactinium	231.03588	[1568]	1,1	[4026]	15,37
92	U	Uran	238.0289	1133	1,2	3930	19,16
93	Np	Neptunium	237.0482	639	1,2	3902	20,45
94	Pu	Plutonium	244.0642	638,4	1,2	3230	19,816
95	Am	Americium	243.061375	1176	1,2	2607	13,67
96	Cm	Curium	247.0703	1340	1,2	3110	13,51
97	Bk	Berkelium	[247]	[986]	1,2		14,78
98	Cf	Californium	[251]	[900]	1,2		15,1
99	Es	Einsteinium	[252]	860	1,2	996	[8,84]
100	Fm	Fermium	[257]	[900]	1,2	[3000]	13,5
101	Md	Mendelevium	[258]	[827]	1,2		
102	No	Nobelium	[259]	[827]	1,2		
103	Lr	Lawrencium	[262]	[1627]	1,2		

Abb. 5.6: Periodensystem der Elemente – [37]

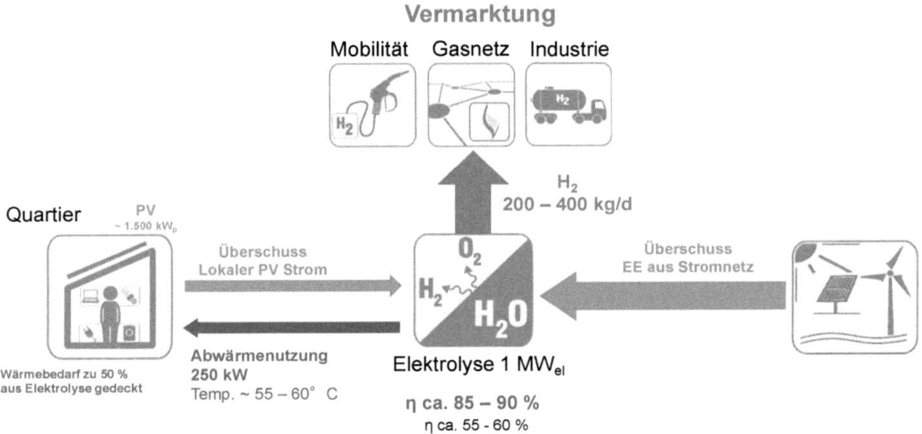

Abb. 5.7: Wasserstoff in der Stadt – warum? – [61, S. 10]

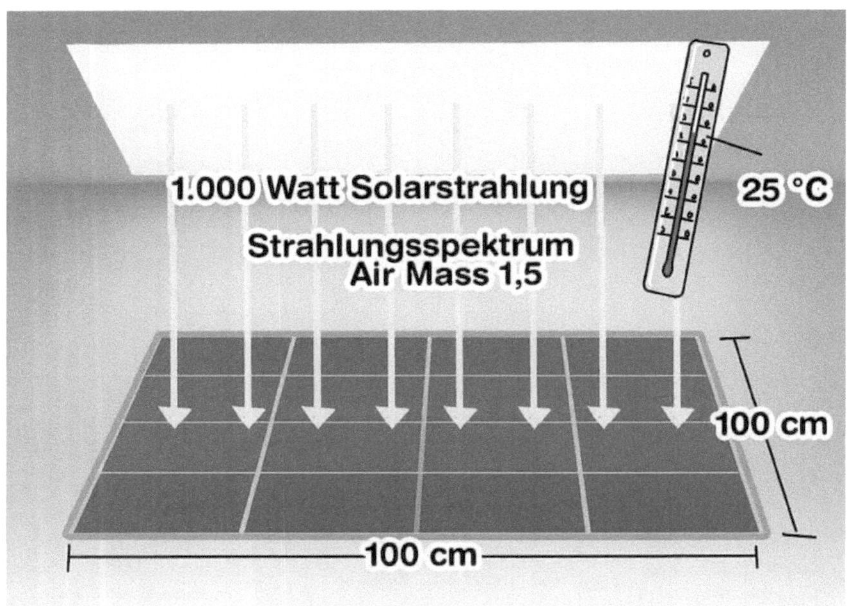

Abb. 5.8: Die Angabe Peakleistungen bezieht sich auf Testbedingungen – [41]

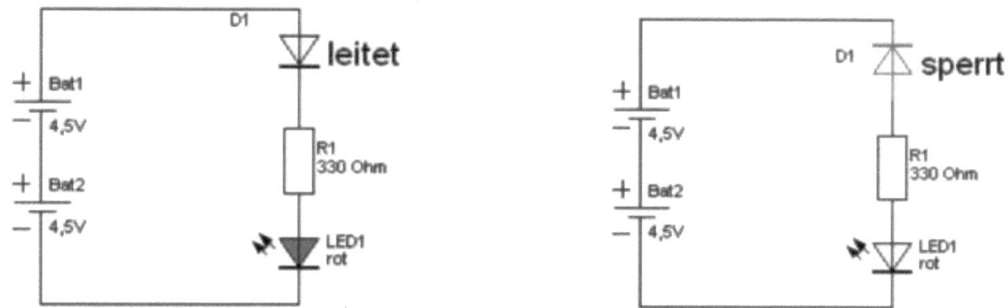

Abb. 5.9: Links: light emitting diode (LED) leuchtet, D1 in Durchlassrichtung geschaltet; rechts: LED leuchtet nicht, D1 in Sperrrichtung geschaltet, auch
wenn D1 »falsch herum« eingebaut ist − [59]

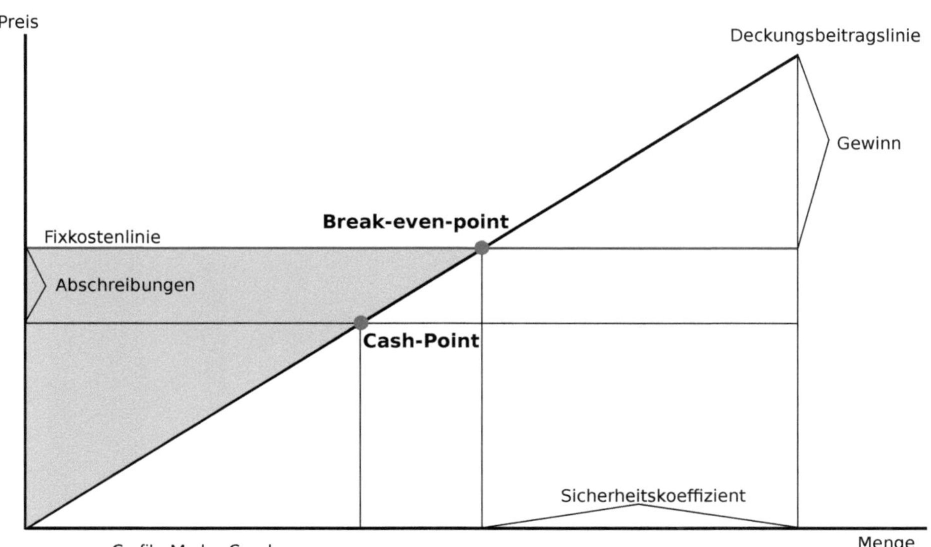

Abb. 5.10: Mengenänderungen im Break-even-Diagramm

Literatur

[1] BUNDESMINISTERIUM FÜR WIRTSCHAFT UND ENERGIE, Hg. *Was ist eigentlich grüner Wasserstoff?* Berlin, 2021. URL: `https://www.bmwi-energiewende.de/EWD/Redaktion/Newsletter/2020/07/Meldung/direkt-erklaert.html` (besucht am 06. 01. 2021).

[2] STATKRAFT MARKETS GMBH, Hg. *Grüner Wasserstoff.* Düsseldorf, 2021. URL: `https://www.statkraft.de/fur-unsere-kunden/gruener-wasserstoff/` (besucht am 06. 01. 2021).

[3] BUNDESMINISTERIUM FÜR WIRTSCHAFT UND ENERGIE, Hg. *Wissenswertes zu Grünem Wasserstoff.* Berlin, 2021. URL: `https://www.bmbf.de/de/wissenswertes-zu-gruenem-wasserstoff-11763.html` (besucht am 06. 01. 2021).

[4] HANS-PETER WILLIG, Hg. *Das Schalenmodell nach Nils Bohr.* Das Bohr´sche Schalenmodell der Atome. München, Feb. 2021. URL: `https://www.chemie-schule.de/Anorganische_Chemie/Modelle_in_der_Chemie.php` (besucht am 14. 02. 2021).

[5] STUDIENKREIS GMBH, Hg. *Die Atomhülle und das Schalenmodell einfach erklärt.* Bochum, März 2021. URL: `https://www.studienkreis.de/chemie/atomhuelle-schalenmodell/` (besucht am 15. 02. 2021).

[6] STEFANIE SCHÄFFER. *Wechselstrom – Erklärung und Funktionsweise.* Hg. SELECTRA S. A. R. L. Paris, 2021. URL: `https://energiemarie.de/energietipps/wissenswert/wechselstrom` (besucht am 11. 03. 2021).

[7] RAINER HARF. »Nikola Tesla: Das betrogene Genie«. In: *GEOkompakt,* Bd. 3(18) (März 2009). Hg. G+J MEDIEN. URL: `https://www.geo.de/magazine/geo-kompakt/6553-rtkl-erfinder-nikola-tesla-das-betrogene-genie` (besucht am 13. 03. 2021).

[8] MARGARET CHENEY. *Nikola Tesla*. Erfinder Magier Prophet. Hrsg. von GISELA BONGART und MARTIN MEIER. Düsseldorf: Omega, 2001.

[9] WERNER SCHNURNBERGER. »Wasserspaltung mit Strom und Wärme«. In: *Energy Research for Future – Forschung für die Herausforderungen der Energiewende*. Hg. FORSCHUNGSVERBUND ERNEUERBARE ENERGIEN E. V. Berlin, 2004. URL: `https://www.fvee.de/fileadmin/publikationen/Themenhefte/th2004/th2004_03_01.pdf` (besucht am 06.02.2021).

[10] TÜV SÜD AG, Hg. *Wasserstoffproduktion mittels Elektrolyse*. München, 2021. URL: `https : / / www . tuvsud . com / de – de / indust-re/wasserstoff-brennstoffzellen-info/wasserstoff/herstellung-von-wasserstoff` (besucht am 06.01.2021).

[11] DOMINIK DI VINCENZO. *Elektrolyse – Hofmannscher Apparat*. Hg. HOCHSCHULE FÜR ANGEWANDTE WISSENSCHAFTEN MÜNCHEN. München, 2021. URL: `http://dodo.fb06.fh-muenchen.de/lab_didaktik/pdf/web-elektrolyse.pdf` (besucht am 06.01.2021).

[12] WIKIMEDIA FOUNDATION INC., Hg. *Wasserelektrolyse*. San Francisco, 2021. URL: `https : / / de . wikipedia . org / wiki / Wasserelektrolyse` (besucht am 06.01.2021).

[13] ENBW ENERGIE BADEN-WÜRTTEMBERG AG, Hg. *Brennstoffzellenantrieb*. Karlsruhe, 2021. URL: `https://www.enbw.com/energie-entdecken/mobilitaet/brennstoffzellenantrieb/` (besucht am 06.01.2021).

[14] TOYOTA DEUTSCHLAND GMBH, Hg. *Brennstoffzellenauto Das Auto der Zukunft*. Köln, 2021. URL: `https://www.toyota.de/automobile/brennstoffzellenautos` (besucht am 06.01.2021).

[15] BUNDESMINISTERIUM FÜR BILDUNG UND FORSCHUNG, Hg. *Nationale Wasserstoffstrategie*. Berlin, 2021. URL: `https://www.bmbf.de/de/nationale-wasserstoffstrategie-9916.html` (besucht am 06.01.2021).

[16] BUNDESMINISTERIUM FÜR BILDUNG UND FORSCHUNG, Hg. *Karliczek: Grüne Wasserstoffwirtschaft jetzt ambitioniert aufbauen.* Berlin, 2021. URL: `https://www.bmbf.de/de/karliczek-gruene-wasserstoffwirtschaft-jetzt-ambitioniert-aufbauen-11868.html` (besucht am 06.01.2021).

[17] BUNDESMINISTERIUM FÜR WIRTSCHAFT UND ENERGIE, Hg. *Forschungsnetzwerke – Forschungsnetzwerk Wasserstoff.* Berlin, 2021. URL: `https://www.forschungsnetzwerke-energie.de/wasserstoff` (besucht am 06.01.2021).

[18] BUNDESMINISTERIUM FÜR WIRTSCHAFT UND ENERGIE, Hg. *Mitglieder des Nationalen Wasserstoffrats.* Berlin, 2021. URL: `https://www.bmwi.de/Redaktion/DE/Downloads/M-O/mitglieder-nationaler-wasserstoffrat.pdf?__blob=publicationFile&v=4` (besucht am 06.01.2021).

[19] BUNDESMINISTERIUM FÜR UMWELT, NATURSCHUTZ UND NUKLEARE SICHERHEIT, Hg. *Wasserstoff und Klimaschutz.* Berlin, 2021. URL: `https://www.bmu.de/faqs/wasserstoff-und-klimaschutz/` (besucht am 06.01.2021).

[20] STEFAN LECHTENBÖHMER u.a. »Grüner Wasserstoff, das dritte Standbein der Energiewende?« In: *Energiewirtschaftliche Tagesfragen Zeitschrift für Energiewirtschaft, Recht, Technik und Umwelt,* Bd. 69(10) (2019).

[21] MATTHIAS KRIEGEL. *Der Wasserstoff, aus dem die Träume sind.* Hg. DER SPIEGEL. Hamburg, 2021. URL: `https://www.spiegel.de/auto/wasserstoff-in-nordfriesland-entsteht-eine-neue-energiewirtschaft-a-9f719419-4150-4f58-a80b-bdcbbc98df8e` (besucht am 06.01.2021).

[22] STEFAN KAUFMANN. *Meine Ziele.* Hg. DEUTSCHER BUNDESTAG. Berlin, 2021. URL: `https://www.stefan-kaufmann.de/meine-ziele/` (besucht am 06.01.2021).

[23] AGENTUR FÜR ERNEUERBARE ENERGIEN E. V., Hg. *Metaanalyse. Die Rolle erneuerbarer Gase in der Energiewende.* Berlin, März 2018. URL: `https://www.unendlich-viel-energie.de/mediathek/publikationen/metaanalyse-die-rolle-erneuerbarer-gase-in-der-energiewende` (besucht am 31.01.2021).

[24] MAGNUS MAIER. *Die neue Gaswelt.* Gasweltstudie – Perspektiven für eine effiziente und grüne Gasversorgung. Hg. AGENTUR FÜR ERNEUERBARE ENERGIEN E. V. Berlin: Bundestagsfraktion Bündnis 90 / Die Grünen, Nov. 2019. URL: `https://www.unendlich-viel-energie.de/media/file/3611.AEE_Gruene_Metastudie_Gas-Nov19_web.pdf` (besucht am 31.01.2021).

[25] JOACHIM NITSCH. *Noch ist erfolgreicher Klimaschutz möglich.* Die notwendigen Schritte auf der Basis aktueller Szenarien der deutschen Energieversorgung. Stuttgart, Juni 2019. URL: `https://co2abgabe.de/wp-content/uploads/2019/06/Nitsch_2019_Noch_ist_Klimaschutz_moeglich_LF.pdf` (besucht am 31.01.2021).

[26] NOW GMBH, Hg. *Studie IndWEDe.* Industrialisierung der Wasserelektrolyse in Deutschland: Chancen und Herausforderungen für Verkehr, Strom und Wärme. Berlin, Juni 2018. URL: `https://www.now-gmbh.de/wp-content/uploads/2020/09/indwede-studie_v04.1.pdf` (besucht am 31.01.2021).

[27] EUROPÄISCHE KOMMISSION, Hg. *Renewable Energy Directive (RED II).* Richtlinie zur Förderung der Nutzung von Energie aus erneuerbaren Quellen. Brüssel, Apr. 2019. URL: `https://ec.europa.eu/transparency/regdoc/rep/1/2019/DE/COM-2019-225-F1-DE-MAIN-PART-1.PDF` (besucht am 31.01.2021).

[28] SHELL DEUTSCHLAND OIL GMBH, Hg. *Energie der Zukunft?* Nachhaltige Mobilität durch Brennstoffzelle und H_2. Hamburg, März 2017. URL: `https://www.shell.de/medien/shell-publikationen/shell-hydrogen-study/_jcr_content/par/toptasks_e705.stream/1497968981764/1086fe80e1b5960848a92310091498ed5c3d8424/shell-wasserstoff-studie-2017.pdf` (besucht am 31.01.2021).

[29] OLIVER EHRET. *Wasserstoff und Brennstoffzellen:* Antworten auf wichtige Fragen. Hg. NOW GMBH. Berlin, März 2018. URL: `https://www.emobilserver.de/images/PDFs/NOW-wasserstoff-und-brennstoffzellen_dossier.pdf` (besucht am 31.01.2021).

[30] FORSCHUNGSVERBUND ERNEUERBARE ENERGIEN E.V., Hg. *Über den FVEE.* Berlin, Feb. 2021. URL: `https://www.fvee.de` (besucht am 06.02.2021).

[31] BAYERISCHE ZENTRUM FÜR ANGEWANDTE ENERGIEFORSCHUNG E.V., Hg. *ZAE Bayern.* Würzburg, Feb. 2021. URL: `https://www.zae-bayern.de/index` (besucht am 06.02.2021).

[32] E-MOBIL BW GMBH, Hg. *Unterstützen. Gestalten. Vernetzen.* Stuttgart, Feb. 2021. URL: `https://www.e-mobilbw.de` (besucht am 06.02.2021).

[33] VNG GASSPEICHER GMBH, Hg. *Flexibel: Kavernenspeicher.* Leipzig, Feb. 2021. URL: `https://www.vng-gasspeicher.de/speichertypen` (besucht am 07.02.2021).

[34] ULRICH ROST, MICHAEL BRODMANN und CHRISTOPH SAGEWKA. *Polymer-Elektrolyt-Membran-Brennstoffzellen.* Hg. WESTFÄLISCHE HOCHSCHULE. Gelsenkirchen, Feb. 2021. URL: `https://www.w-hs.de/fileadmin/public/user_upload/Poster_2015-15.pdf` (besucht am 07.02.2021).

[35] RICHARD HANKE-RAUSCHENBACH. *Elektrische Energiespeichersysteme.* Hg. GOTTFRIED WILHELM LEIBNIZ UNIVERSITÄT HANNOVER. Hannover, Feb. 2021. URL: `https://www.ifes.uni-hannover.de/de/hankerauschenbach/` (besucht am 12.02.2021).

[36] VOLKER QUASCHNING. *Regenerative Energien.* Hg. HOCHSCHULE FÜR TECHNIK UND WIRTSCHAFT BERLIN. Berlin, Feb. 2021. URL: `https://regenerative-energien.htw-berlin.de` (besucht am 12.02.2021).

[37]   JULIAN CLAUS. *Periodensystem der Elemente*. Periodensystem der
       Elemente mit Schmelztemperatur, Siedetemperatur, Atommasse,
       Symbol, Ordnungszahl und Dichte. Hg. WIKIMEDIA FOUNDATION
       INC. San Francisco, Aug. 2011. URL: `https://commons.wikimedia.`
       `org/wiki/File:Periodensystem_der_Elemente.svg#/media/`
       `File:Periodensystem_der_Elemente_-_Metalle_der_Seltenen_`
       `Erden.svg` (besucht am 13.02.2021).

[38]   AKTIVPLUS E. V., Hg. *Energie: Das Haus als Kraftwerk*. Ein ak-
       tivplus Gebäude erzeugt durch die Nutzung erneuerbarer Energi-
       en Wärme und Strom. Braunschweig, Feb. 2021. URL: `https://`
       `aktivplusev.de` (besucht am 28.02.2021).

[39]   ACATECH, LEOPOLDINA, AKADEMIENUNION, Hg. *Zentrale und
       dezentrale Elemente im Energiesystem*. Der richtige Mix für eine
       stabile und nachhaltige Versorgung. Schriftenreihe zur wissenschafts-
       basierten Politikberatung. München, Jan. 2020. URL: `https://www.`
       `acatech.de/publikation/zentrale-und-dezentrale-elemente-`
       `im-energiesystem-der-richtige-mix-fuer-eine-stabile-`
       `und-nachhaltige-versorgung/` (besucht am 01.03.2021).

[40]   AKTIVPLUS E. V., Hg. *aktivplus – Innovativer Gebäudestandard der
       Zukunft*. Braunschweig, März 2018. URL: `https://aktivplusev.`
       `de/downloads/` (besucht am 01.03.2021).

[41]   ANONDI GMBH, Hg. *Solaranlage Ratgeber*. Ulm, März 2021. URL:
       `https://www.solaranlage-ratgeber.de/photovoltaik/photovo`
       `ltaik-leistung/kilowatt-peak` (besucht am 01.03.2021).

[42]   LUKAS GENTEMANN. *Blockchain in Deutschland – Einsatz, Poten-
       ziale, Herausforderungen*. Studienbericht 2019. Hg. BITKOM E. V.
       Berlin, 2019. URL: `https://www.bitkom.org/sites/default/`
       `files/2019-06/190613_bitkom_studie_blockchain_2019_0.pdf`
       (besucht am 04.03.2021).

[43]   ELKE KUNDE u. a. *Blockchain und Datenschutz*. Faktenpapier. Hg.
       BITKOM E. V. Berlin, 2017. URL: `https://www.bitkom.org/`
       `sites/default/files/file/import/180502-Faktenpapier-Blo`
       `ckchain-und-Datenschutz.pdf` (besucht am 04.03.2021).

[44] MICHAEL MADEL. »Peer-to-Peer-Networking als beste Netzwerk-Option«. In: *Strategie & Management,* Bd. (9) (2020).

[45] CHRISTOPH THIEL und CHRISTIAN THIEL. »Distributed Ledger Technologie (DLT) im Kontext europäischer Vertrauensdienste«. In: *Datenschutz und Datensicherheit – DuD,* Bd. 44(4) (2020). DOI: 10.1007/s11623-020-1261-9. URL: https://doi.org/10.1007/s11623-020-1261-9 (besucht am 06.01.2021).

[46] VNG AG, Hg. *Vielseitigkeit Ausspielen Chancen Nutzen.* Geschäftsbericht 2019. Leipzig, 2020. URL: https://vng.de/sites/default/files/vng_geschaeftsbericht_2019.pdf (besucht am 04.03.2021).

[47] ERA DABLA-NORRIS u.a. *Causes and Consequences of Income Inequality: A Global Perspective.* IMF Staffdiscussion Note. Hg. SIDDHARH TIWARI. Washington, D.C., Juni 2015. URL: https://www.imf.org/external/pubs/ft/sdn/2015/sdn1513.pdf (besucht am 01.03.2021).

[48] MAJA GÖPEL. *Unsere Welt neu denken.* Eine Einladung. 11. Aufl. Berlin: Ullstein, 2020.

[49] FACUNDO ALVAREDO u.a., Hg. *World Inequality Report 2018 – deutsche Fassung.* München: Beck, 2018. URL: https://wir2018.wid.world/files/download/wir2018-full-report-deutsch.pdf (besucht am 08.03.2021).

[50] THOMAS L. HUNGERFORD. *Taxes and the Economy: An Economic Analysis of the Top Tax Rates Since 1945.* Hg. CONGRESSIONAL RESEARCH SERVICE. CRS Report for Congress Prepared for Members and Committees of Congress. Washington D.C.: The Library of Congress, Sep. 2012. URL: https://fas.org/sgp/crs/misc/R42729.pdf (besucht am 06.03.2021).

[51] CONGRESSIONAL RESEARCH SERVICE, Hg. *Areas of Research.* Washington D.C., März 2021. URL: https://www.loc.gov/crsinfo/research/ (besucht am 07.03.2021).

[52] WORLD INEQUALITY LAB, Hg. *Who we are.* Paris, 2021. URL: `https://wid.world/world-inequality-lab/` (besucht am 07. 03. 2021).

[53] WIKIMEDIA FOUNDATION INC., Hg. *Library of Congress.* San Francisco, 2021. URL: `https://de.wikipedia.org/wiki/Library_of_Congress` (besucht am 08. 03. 2021).

[54] LIBRARY OF CONGRESS, Hg. *Library of Congress – General Information.* Washington D. C., 2021. URL: `https://www.loc.gov/about/general-information/` (besucht am 08. 03. 2021).

[55] 1&1 IONOS SE, Hg. *Break-even-Point – einfach erklärt.* Montabaur, Feb. 2019. URL: `https://www.ionos.de/startupguide/unternehmensfuehrung/break-even-point-erklaerung-berechnung-und-beispiel/` (besucht am 02. 04. 2021).

[56] JENS BURCHARDT u. a. *Klimapfade 2.0 – Kurzfassung. Ein Wirtschaftsprogramm für Klima und Zukunft.* Gutachten. Erstellt für den Bundesverband der Deutschen Industrie e. V. (BDI), Berlin. München: Boston Consulting Group GmbH, Okt. 2021. URL: `https://bdi.eu/artikel/news/klimapfade-2-0-ein-wirtschaftsprogramm-fuer-klima-und-zukunft/` (besucht am 23. 10. 2021).

[57] JENS BURCHARDT u. a. *Klimapfade 2.0 – Langfassung. Ein Wirtschaftsprogramm für Klima und Zukunft.* Gutachten. Erstellt für den Bundesverband der Deutschen Industrie e. V. (BDI), Berlin. München: Boston Consulting Group GmbH, Okt. 2021. URL: `https://issuu.com/bdi-berlin/docs/211021_bdi_klimapfade_2.0_-_gesamtstudie_-_vorabve` (besucht am 23. 10. 2021).

[58] BUNDESVERBAND DER DEUTSCHEN INDUSTRIE E. V. (BDI), Hg. *Handlungsempfehlungen zur Studie Klimapfade 2.0. Wie wir unser Industrieland klimaneutral gestalten.* Berlin, Okt. 2021. URL: `https://bdi.eu/publikation/news/klimapfade-2-0-handlungsempfehlungen-zur-studie/` (besucht am 23. 10. 2021).

[59] STEPHAN MISCHNICK. *1.2.3 Die Diode.* Sassenburg, 2021. URL: `https://www.strippenstrolch.de/1-2-3-die-diode.html` (besucht am 13. 03. 2021).

[60] BIANCA LIM. »Wege zur Industrialisierung von c-Si/Perowskit-Tandemsolarzellen«. In: *Energy Research for Future – Forschung für die Herausforderungen der Energiewende.* Hg. FORSCHUNGSVERBUND ERNEUERBARE ENERGIEN E. V. Berlin, 2019. URL: `https://www.fvee.de/fileadmin/publikationen/Themenhefte/th2019/th2019.pdf` (besucht am 06. 02. 2021).

[61] NORBERT FISCH, TOBIAS NUSSER und SIMON MARX. *Grüner Wasserstoff real: Erfahrungen aus der Planung und Errichtung des Klimaquartiers »Neue Weststadt Esslingen«.* Hg. STEINBEIS-INNOVATIONSZENTRUM ENERGIEPLUS. Stuttgart, Mai 2020. URL: `https://wwwhttps://www.asue.de/sites/default/files/asue/themen/quartiersversorgung/projekte/esslingen_Es_West_P2G2P/20200623_Gruener-Wasserstoff-real_Neue-Weststadt-Esslingen.pdf` (besucht am 28. 02. 2021).